R[EL]ATIF SCIENTIFIQUE

A L'USAGE

Du Service de la Visite des Douanes

ET DU COMMERCE

PAR

Léon MASSINON

Vérificateur adjoint des Douanes

PRODUITS CHIMIQUES
DÉRIVÉS DES VÉGÉTAUX ET DES MINÉRAUX
PIERRES ET TERRES
RÉSINES, COULEURS, TEINTURES, ETC.

>I<

POITIERS

LIBRAIRIE ADMINISTRATIVE PAUL OUDIN

12, Rue Saint-Pierre-le-Puellier, 12

1904

PORTATIF SCIENTIFIQUE

PORTATIF SCIENTIFIQUE

A L'USAGE

Du Service de la Visite des Douanes

et du Commerce

PAR

Léon MASSINON

Vérificateur adjoint des Douanes

PRODUITS CHIMIQUES
DÉRIVÉS DES VÉGÉTAUX ET DES MINÉRAUX
PIERRES ET TERRES
RÉSINES, COULEURS, TEINTURES, ETC.

POITIERS

LIBRAIRIE ADMINISTRATIVE PAUL OUDIN
12, Rue Saint-Pierre-le-Puellier. 12

1904

AVANT-PROPOS

Ce livre n'est pas un ouvrage de chimie pure.
C'est en quelque sorte un répertoire des principaux produits chimiques, des produits industriels
et des dérivés des végétaux.

Nous avons donné pour chacun d'eux les caractères, l'origine, la valeur, les usages, l'antidote
selon le cas ; c'est un *vade-mecum* plutôt qu'un
cours de chimie analytique.

L'Administration des Douanes, à la date du
28 août 1903, a autorisé la publication de l'ouvrage ; et M. de Luynes, le Directeur du Service
Scientifique, a bien voulu revoir ce travail. Il a
formulé cette appréciation :

«... Ce répertoire peut rendre des services. Il
« contient, en effet, d'utiles indications sur les ca-
« ractères, les propriétés physiques et chimiques
« d'un grand nombre de produits, et fournit par
« là même le moyen de les distinguer plus faci-

« lement. Établi suivant l'ordre alphabétique, il
« a, en outre, le mérite de faciliter les recher-
« ches... »

L'auteur n'a rien créé : les lois chimiques sont
telles qu'on n'invente rien en disant que le carbonate de magnésie et le carbonate de soude font
effervescence dans les acides minéraux. Ces
réactions se trouvent dans tous les traités scien-
tifiques et dans les notes explicatives du tarif.

On comprend facilement qu'un recueil si simple ne peut donner l'analyse quantitative ou qua-
litative complète du laboratoire. Il s'agit, d'un
bout à l'autre de l'ouvrage, d'une analyse som-
maire faite avec peu de matériel : un tube à
essai, une capsule en porcelaine, une lampe à
alcool et quelques réactifs essentiels.

Afin de prévenir les surprises nous signalons,
en passant, les différentes colorations que peuvent
prendre les précipités, selon l'état des compo-
sants, leur température, leur degré de concentration, leur pureté, et bien souvent aussi suivant
l'habileté de l'opérateur.

L'enseignement par l'aspect ne peut qu'être
recommandé, et nous pensons qu'une collection
de produits industriels usuels devrait trouver

place dans tous les bureaux d'une certaine importance.. Avec un peu d'habitude on arrive à trouver le nom d'un sel métallique par comparaison, surtout s'il s'agit de produits colorés ou en cristaux volumineux : le chromate de zinc et le chromate de plomb présentés l'un à côté de l'autre n'ont plus la même couleur ni la même densité ; ils sont taxés différemment, et leurs aspects physiques ne peuvent être confondus par cette simple méthode. On peut en dire autant du minium de plomb et du vermillon artificiel, du sulfate de fer et de l'azotate de nickel.

Dans bien des cas le microscope est un précieux auxiliaire ; c'est d'ailleurs un appareil intéressant à tous égards. Point n'est besoin de se procurer un instrument de marque étrangère. Nos opticiens français fabriquent de bons microscopes à des prix modiques ; et un appareil ordinaire d'un grossissement de 150 diamètres est suffisant pour étudier les fils et les matières organiques.

Léon Massinon.

Blanc-Misseron (gare)
    janvier 1904.

ANALYSE QUALITATIVE

Nomenclature des appareils et des réactifs élémentaires pour l'installation d'un laboratoire de bureau

APPAREILS EN VERRE	APPAREILS DIVERS	RÉACTIFS	
Agitateurs.	Alcoomètres.	Acétate de plomb.	Chromate de potasse.
Ballons.	Balance de précision.	Acide acétique.	
Chalumeau à bouche.	Capsules en porcelaine.	— azotique.	Eau distillée.
Cornues.	Compte-fils.	— chlorhydrique.	— de baryte.
Cristallisoirs.	Creusets en terre.	— gallique.	- de chaux.
Entonnoirs.	Lampe à alcool.	— oxalique.	
Éprouvettes.	Loupes.	— sulfurique.	Essence de térébenthine
Pipettes.	Microscope.	— tartrique.	Éther sulfurique.
Tubes à essai	Mortier.	Alcool absolu.	Iodure de potassium.
Tubes divers.	Papier filtre.	Amidon.	Potasse caustique.
Verres gradués.	Pèse-acides.	Ammoniaque.	Prussintejaunedepotasse.
	Pèse-sels.	Azotate d'argent.	— rouge.
	Supports en bois.	— de potasse.	Soude caustique.
	Supports en fer.	Benzine.	Sulfate d'alumine.
	Thermomètres.	Bichromate de potasse.	—, de fer.
	Tubes en caoutchouc	Carbonate d'ammoniaque.	— de cuivre.
		— de potasse.	Sulfure de carbone.
		— de soude.	Sulfhydrate d'ammonia-que.
		Chlorure de baryum.	Teinture de curcuma.
		— d'or.	— d'iode.
		— de platine.	— de tournesol.

PORTATIF SCIENTIFIQUE

Acénaphtène.

*Produit obtenu directement par la distillation du gou-
dron de houille, n° 280.*

Ce produit s'extrait des huiles lourdes de houille. A
l'état de pureté il est blanc, cristallisé en longues
aiguilles.

Il est soluble dans l'alcool bouillant, et il fond vers
95 degrés ; il bout entre 280 et 285 degrés. Il se produit également par l'action de l'acétylène sur la
naphtaline.

Acétates.

CARACTÈRES GÉNÉRAUX :

A. Sont généralement solubles dans l'eau.

B. La chaleur les décompose au rouge.

C. L'acide sulfurique à chaud décompose les acétates et met l'acide acétique en liberté.

D. Le chlorure de fer colore en rouge foncé les dissolutions d'acétates.

Acétate d'alumine.

Produit chimique non dénommé autre, n° 282.

Liquide blanc. Très soluble dans l'eau. Incristallisable. Saveur astringente. On l'importe généralement sous forme de masse gommeuse (V. Acétates et sels d'alumine). Quand on chauffe une solution concentrée de ce sel avec du sulfate de potasse, elle se prend en masse gélatineuse qui se redissout par refroidissement.

Usages : Teinture (mordant).

Valeur : Liquide, à 12°, de 17 à 25 fr. les 100 k. ;
       Pur, 55 fr. les 100 kg.

Acétate d'ammoniaque.

Produit chimique non dénommé autre, n° 282.

Sel blanc. Inodore : très soluble dans l'eau. Chauffé, il dégage une odeur d'ammoniaque et d'acide acétique.

Usages : Médecine.

Valeur : Liquide, à 10°, 43 fr. les 100 k.
       Cristallisé, pur, 260 fr. les 100 k.

Acétate d'amyle.

Produit chimique non dénommé autre, n° 282.

On le livre dans le commerce sous le nom d'essence de poire. C'est un liquide incolore d'une odeur agréable. Ce produit est insoluble dans l'eau, soluble dans l'alcool et dans l'éther.

Usages : Parfumerie.
Valeur : Pour l'industrie, 165 fr. les 100 k.

Acétate de baryte.

Produit chimique non dénommé autre, n° 282.

Cristaux s'effleurissant à l'air, solubles dans l'eau et insolubles dans l'alcool absolu. Ramène au bleu le papier de tournesol. Chauffés, ils donnent de l'acétone et du carbonate de baryte.

Valeur : Cristallisé, 140 fr. les 100 k.

Acétate de chrome.

Produit chimique non dénommé autre, n° 282.

On n'emploie que l'acétate chromique. Il est en masses cristallines vert-de-gris. Soluble dans l'eau avec coloration en vert. Insoluble dans l'alcool.

L'ammoniaque donne un précipité soluble dans un excès de réactif dans une solution d'acétate neutre de chrome.

Valeur : En cristaux, 160 fr. les 100 k.

Liquide à 40°, 75 fr. les 100 k ; à 25°, 50 fr. les 100 k.

Acétates de cuivre, n° 256.

1° ACÉTATE NEUTRE (*Verdet*). L'acétate neutre est tantôt en cristaux bleus et parfois en cristaux verts. Il est soluble dans l'eau et s'effleurit lentement à l'air. Par la distillation il donne des vapeurs d'acide acétique (*vinaigre radical*). Chauffé avec du sucre, le verdet se réduit, et il se forme de l'oxyde de cuivre rouge.

Un courant d'acide sulfureux détermine une coloration vert émeraude dans une solution de verdet.

2° ACÉTATE BIBASIQUE (*vert-de-gris*). Sel d'un bleu verdâtre, insoluble dans l'eau. Saveur âpre. Se dissout dans l'eau acidulée en dégageant une odeur de vinaigre caractéristique. On le vend en poudre ou en pains.

Usages : Teinture, impression, médecine.

Acétate de fer, n° 256.

On le vend généralement dans le commerce à l'état sirupeux ou pâteux. Très soluble dans l'eau. La chaleur le décompose. Sa solution est astringente ; elle a l'odeur du vinaigre.

Rougit le tournesol bleu. Une solution de ce sel passe au noir quand on la traite par une dissolution de noix de galle.

Usages : Teinture.

Acétate de magnésie.

Produit chimique non dénommé autre, n° 282.

Cristaux incolores, très amers, déliquescents, très solubles dans l'eau et dans l'alcool.

(V. Sels de magnésie et acétates.)

Valeur : Pour l'industrie, desséché, 220 fr. les 100 k.

Acétates de mercure.

Produits chimiques non dénommés autres, n° 282.

1° ACÉTATE MERCUREUX. — Paillettes d'aspect micacé

peu solubles dans l'eau froide; insolubles dans l'alcool. L'eau bouillante décompose ce produit en mercure métallique et en acétate mercurique. Chauffé, ce sel se décompose en acide acétique, en acide carbonique et en mercure.

2° ACÉTATE MERCURIQUE. — Se présente en lamelles nacrées, brillantes, presque transparentes. Ce sel est soluble dans l'eau; l'hydrogène sulfuré y détermine un précipité qui disparaît par l'agitation.

Valeur: 12 fr. 50 le kilo.

Acétates de plomb, n° 256.

1° ACÉTATE NEUTRE (*Sel de Saturne*). — Cristaux incolores s'altérant facilement à l'air. Soluble dans l'eau et dans l'alcool. Cristallise en primes allongés. Est décomposé au rouge sombre. *Vénéneux*. (V. Sels de plomb et acétates.)

2° ACÉTATE TRIBASIQUE (*sous-acétate de plomb, extrait de Saturne*). — Cristallise en longues aiguilles incolores et soyeuses. Précipite de leurs dissolutions la gomme, le tanin et l'albumine. Donne un très beau précipité jaune en solution avec l'iodure de potassium.

Usages : Médecine, laboratoires, fabrication des allumettes. Teinture et impression.

Acétate de potasse, n° 256.

Cristallise en paillettes grasses au toucher. Saveur piquante. Très déliquescent et très soluble dans l'eau. On le vend dans le commerce sous forme de masse blanche non cristallisée à odeur empyreumatique.

Quand on verse de l'acide sulfurique sur ce sel et qu'on chauffe dans un tube à essai, l'acide acétique se dégage et on le reconnaît facilement à l'odeur.

Une petite quantité d'acétate de potasse chauffée avec un excès d'acide arsénieux laisse dégager des vapeurs blanches d'une odeur alliacée.

Acétate de soude, nº 256.

Cristaux inaltérables à l'air. Saveur piquante légèrement amère. Soluble dans l'eau. Calciné, ce sel fond et se décompose ensuite en laissant du carbonate de soude et du charbon. Traité à chaud par l'acide sulfurique, il abandonne son acide acétique. L'acétate anhydre est en masses ; il n'éprouve pas de fusion aqueuse par la chaleur.

Acétate de zinc.
Produit chimique non dénommé autre, nº 282.

Lamelles cristallines nacrées, onctueuses au toucher, très solubles dans l'eau. Chauffé à 200 degrés, ce sel se sublime en donnant un résidu de charbon, d'oxyde de zinc et de zinc métallique. (V. *Sels de zinc et acétates.*)

Valeur : Pur, 165 fr. les 100 k.

En poudre, industriel, 140 fr. les 100 k.

Acétone.
Produit chimique non dénommé autre, nº 282.

Liquide incolore à odeur pénétrante. Soluble dans

l'eau, l'alcool et l'éther. Brûle avec flamme blanche caractéristique. Dissout facilement les résines et le camphre. Entre en ébullition à 56 degrés. L'acide azotique à chaud attaque l'acétone avec violence. Il se dégage des vapeurs rutilantes et il se forme un liquide insoluble dans l'eau.

Usages : Dissolvant, combustible.

Valeur : Industriel, 125 fr. les 100 k.

Acide acétique anhydre.

Produit chimique non dénommé autre, n° 282.

L'acide acétique anhydre est un liquide incolore très mobile, d'une odeur forte rappelant celle des fleurs d'aubépine. Sa vapeur irrite les yeux. Il ne se mélange pas immédiatement à l'eau. Il faut chauffer un peu pour accélérer le mélange.

Lorsque ce produit est introduit en quantité d'une certaine importance pour les usages industriels, il doit être dénaturé en douane par l'incorporation de 0 k. 300 gr. de goudron de bois par 100 k. de produit. Après acquittement de la taxe de 5 0/0, l'acide acétique ainsi dénaturé est admis en franchise de la taxe intérieure, sur la production d'une expédition de régie.

Valeur : Cristallisable, 75 fr. les 100 k.

Anhydre, pur, 5 fr. le kilo.

Acide acétique ordinaire, n° 238.

L'acide acétique qui provient de l'oxydation des

liquides spiritueux a une saveur acide : il ramène au rouge le papier de tournesol bleu. Son odeur est aromatique et agréable. Le vinaigre de vin renferme de l'acide malique en petite quantité : il est un peu jaunâtre.

L'acide acétique qui provient de la décomposition du bois est plus concentré que le vinaigre de vin ; il est généralement plus coloré ; il a une odeur empyreumatique qui rappelle son origine (goudron de bois). Même à l'état de pureté il conserve cette odeur caractéristique. On l'appelle *acide pyroligneux* ou acide *mauvais goût*.

En traitant convenablement cet acide par des distillations successives, on le transforme en acide *bon goût*. Dans cet état il renferme 75 à 80 0/0 d'acide acétique cristallisable.

Quelle que soit leur provenance, les acides acétiques de l'industrie doivent être dénaturés pour être admis aux taxes déterminées par le n° 238 du tableau des droits.

La force acétique des produits est constatée au moyen de l'acétimètre Salleron. (V. note 172.)

On doit également subordonner la mainlevée à la production d'un acquit de régie.

Acide arsénieux, n° 238.

L'acide arsénieux est une poudre blanche légèrement soluble dans l'eau et plus soluble dans l'acide chlorhydrique. L'hydrogène sulfuré précipite ses solutions en jaune. Les sels d'argent donnent également un précipité jaune avec les dissolutions de ce produit. On l'importe parfois en roches. Quand il est projeté sur le feu, il dégage une odeur d'ail caractéristique. *C'est un poison violent.* La magnésie est le contre-poison de cet acide ; il ne faut pas employer le carbonate de magnésie comme contre-poison, car on n'obtiendrait pas l'effet attendu.

Les importateurs d'acide arsénieux doivent lever à la douane un acquit-à-caution. (V. les notes page 526.'

Usages : Verrerie, médecine.

Acide arsénique.

Produit chimique non dénommé autre, n° 282.

A l'état hydraté, cet acide est en gros cristaux très déliquescents et très solubles dans l'eau. Neutralisée par l'ammoniaque, sa solution donne un précipité blanc bleuâtre dans le sulfate de cuivre, et avec l'azotate d'argent un précipité rouge brique caractéristique. Chauffé, il se décompose en acide arsénieux et en oxygène. *C'est un poison violent.*

Usages : Impression des toiles. Couleurs d'aniline.

Valeur : Pour l'industrie, en poudre, 150 fr. les 100 k.

Liquide, à 75°, 90 fr. les 100 k.

Acide azotique, n° 238.

(ACIDE NITRIQUE, EAU-FORTE)

Liquide incolore à l'état pur. Généralement il est

coloré en jaune. C'est un acide énergique et un *poison violent.* Il dissout la plupart des métaux à froid ; il attaque les carbonates avec effervescence. Détruit les matières organiques : quand on plonge de la laine, des plumes ou du liège dans cet acide, il y a décomposition de la matière et coloration particulière en jaune. L'acide azotique est très employé dans l'industrie. Quand on verse de l'acide azotique dans un tube à essai contenant un fil de cuivre, il se produit à froid une attaque très vive ; il se dégage d'abondantes vapeurs rutilantes, et le liquide devient bleu verdâtre : il se forme de l'azotate de cuivre.

Acide benzoïque artificiel.
Produit dérivé des produits de la distillation de la houille, n° 280.

C'est l'acide benzoïque du toluène. Ne pas le confondre avec l'acide benzoïque naturel ou avec l'acide benzoïque tiré de l'urine des herbivores. (V. article suivant.)

L'acide benzoïque artificiel possède une forte odeur d'amandes amères. Il cristallise en lames ou en aiguilles transparentes fusibles vers 120 degrés. Il est soluble dans l'eau chaude, l'alcool et l'éther. Les huiles grasses ou volatiles le dissolvent également.

Acide benzoïque naturel.
Produit chimique non dénommé autre, n° 282.

S'extrait du benjoin ou de l'urine des herbivores.

Blanc. Cristallise en belles paillettes. Odeur très agréable rappelant la vanille. S'étend sur le papier comme une graisse. Chauffé, il se volatilise en produisant des vapeurs irritantes. Peu soluble dans l'eau ; soluble dans l'alcool et dans l'éther. Très inflammable : brûle avec flamme éclairante fuligineuse. Quand on verse quelques gouttes d'une solution alcoolique d'acide benzoïque dans l'eau, il se produit un précipité laiteux.

Usages : Pharmacie, parfumerie.

Valeur : du benjoin, 9 fr. le kilo.

des herbivores, 13 fr. le kilo.

Acide borique, n° 238.

A l'état pur il se présente sous forme de paillettes. On peut le fondre comme le verre. Il est soluble dans l'eau tiède et dans l'alcool.

Si on allume une solution alcoolique d'acide borique, on remarque dans la flamme une coloration verte particulière. C'est un acide faible. En solution il fait rougir le curcuma : il a cela de particulier avec les alcalis.

Usages : Médecine, teinture, céramique.

Acide bromique.

Produit chimique non dénommé autre, n° 282.

Ne s'emploie qu'en solution aqueuse. C'est un liquide incolore, inodore, très acide et très altérable. Il donne des bromates avec les bases, et transforme facilement l'alcool et l'éther en acide acétique.

Valeur : 20 fr. le kilo.

Acide carbonique liquide.

Produit chimique non dénommé autre, n° 282.

Ne peut être maintenu liquide que sous sa propre pression, dans des récipients spéciaux en acier.

Usages : Boissons gazeuses.

Valeur : 75 fr. les 100 kil. (bombe en plus).

Acide chlorhydrique, n° *238.*

(ACIDE MURIATIQUE, ESPRIT DE SEL)

Sa dissolution est incolore à l'état de pureté. Cet acide est généralement coloré en jaune; il émet des vapeurs blanches au contact de l'air. C'est un acide énergique, très corrosif. *Poison violent.* Quand on approche d'un flacon d'ammoniaque un verre renfermant de l'acide chlorhydrique, il se produit des vapeurs épaisses blanchâtres de chlorhydrate d'ammoniaque. L'azotate d'argent est précipité par cet acide, et le précipité est soluble dans l'ammoniaque.

Il attaque les carbonates, le fer et le zinc avec énergie à froid.

Acide chlorique.

Produit chimique non dénommé autre, n° 282.

Incolore, inodore, très soluble dans l'eau. On ne peut d'ailleurs l'obtenir qu'en dissolution dans l'eau. Sa solution concentrée est sirupeuse et jaunâtre. C'est un oxydant énergique qui se décompose à chaud en donnant du chlore et de l'oxygène.

Valeur : Pur, liquide, à 15°, 5 fr. le kilo.
Pour l'industrie, liquide, à 15°, 2 fr. 25 le kilo.

Acide chromique.

Produit chimique non dénommé autre, n° 282.

Cristaux d'un beau rouge très solubles dans l'eau et dans l'alcool. Quand on verse quelques gouttes d'alcool absolu sur l'acide chromique, la réaction est vive et il arrive que l'alcool s'enflamme ; il se forme du sesquioxyde de chrome.

Quand on verse dans un tube à essai qui contient une solution d'acide chromique quelques gouttes d'une dissolution d'acide sulfureux, il se forme immédiatement du sulfate de sesquioxyde de chrome.

Usages : Laboratoires, médecine, industrie.
Valeur : Cristallisé, pur, 325 fr. les 100 kil.
Cristallisé, industriel, 210 fr. les 100 kil.

Acide chrysophanique.

Produit chimique non dénommé à base d'alcool, n° 282.

On l'extrait de la racine de rhubarbe. Solide. Cristallise en prismes de couleur jaune. Insoluble dans l'eau. Soluble dans la benzine et les alcalis. L'acide azotique le colore en rouge et l'acide sufurique le dissout en rouge.

Valeur : Cristallisé, 20 fr. le kilo.

Acide cinnamique.

Produit dérivé des produits de la distillation de la houille, n° 280.

Composé cristallin peu soluble dans l'eau froide; plus soluble dans.l'eau chaude et l'alcool. Fond à 133 degrés. Cristaux ressemblant à ceux de l'acide benzoïque. Quand on chauffe l'acide cinnamique avec un excès de baryte, on obtient un carbure d'hydrogène appelé cinnamène.

Acide citrique, n° 238.

Cristaux incolores. Saveur acide agréable. Fait effervescence dans une solution de carbonate de soude ou de potasse. Très soluble dans l'eau. L'acide citrique pur ne produit pas de précipité dans l'eau de chaux ; c'est ce qui le distingue de l'acide tartrique, avec lequel il peut être confondu. Chauffé, l'acide citrique répand une odeur de caramel.

Usages : Boissons rafraîchissantes. Teinture. Photographie. Médecine.

Acide cyanhydrique.

(ACIDE PRUSSIQUE)

Produit chimique non dénommé autre, n° 282.

Liquide incolore, odeur de kirsch. Très soluble dans l'eau, l'alcool et l'éther. S'enflamme facilement et brûle avec flamme blanche. Quand on verse dans une solution de sulfate de fer un peu de potasse

et qu'on y ajoute quelques gouttes d'acide cyanhydrique, on obtient un précipité de bleu de Prusse.

Poison violent. Contre-poison, ammoniaque.

Valeur : Pour l'industrie, 3 fr. 75 le kilo.

Pur, 4 fr. 50 le kilo.

Acide fluorhydrique.

Produit chimique non dénommé autre, n° 282.

Liquide incolore. Répand d'abondantes fumées à
l'air. Très avide d'eau. Odeur piquante. Attaque tous
les métaux, sauf l'or, le platine et le plomb. Il corrode
le verre; on utilise cette propriété pour la gravure sur
verre. Se transporte dans des flacons en plomb ou en
gutta-percha.

Valeur : Pour l'industrie, 45 fr. les 100 k.

Acide formique.

Produit chimique non dénommé autre, n° 282.

On peut le confondre avec l'acide acétique, à cause
de son odeur et de ses propriétés physiques. C'est un
acide réducteur : quand on le met en présence d'une
solution d'un sel d'argent ou d'un sel d'or, ces métaux
sont précipités. C'est un liquide incolore, soluble dans
l'eau, à odeur piquante.

Usages : Laboratoires, photographie, médecine.

Valeur : Liquide, à 15°, 125 fr. les 100 k.

Liquide, à 19°, 150 fr. les 100 k.

Acide gallique, n° 238.

Se présente en aiguilles déliées d'un éclat soyeux,

fusibles à 200 degrés et solubles dans 100 parties d'eau froide et 3 parties d'eau bouillante. L'acide gallique précipite en noir les sels de sesquioxyde de fer et réduit à l'état métallique le nitrate d'argent et le perchlorure d'or. Il rougit le tournesol. L'eau de chaux donne avec l'acide gallique une coloration bleue qui passe rapidement au vert.

Acide hypophosphoreux.

Produit chimique non dénommé autre, n° 282.

Liquide sirupeux très acide. Sa solution aqueuse versée dans une solution de sulfate de cuivre à chaud y détermine un précipité rouge d'hydrure de cuivre ; elle réduit également les sels d'or et d'argent. Cet acide est décomposé par la chaleur : chauffé dans une capsule ouverte, il s'enflamme.

Valeur : Liquide, à 50°, 7 fr. le kilo.

Liquide, à 25°, 4 fr. le kilo.

Acide lactique.

Produit chimique non dénommé autre, n° 282.

A l'état de pureté, c'est un liqu e incolore. Il est soluble dans l'eau, dans l'alcool et dans l'éther. Traité à chaud par l'acide azotique, il donne de l'acide oxalique. Il dissout le phosphate de chaux. Mis en contact avec le lait dans un tube à essai, il en détermine la coagulation. Il précipite en blanc l'acétate de magnésie et l'acétate de zinc.

Usages : Médecine.

Valeur : Pur, blanc, 5 fr. le kilo.

Pour l'industrie, brun, 75 fr. les 100 k.

Pour l'industrie, jaune, 140 fr. les 100 k.

Acide malique.

Produit chimique non dénommé autre, n° 282.

Solide. Fines aiguilles incolores déliquescentes très solubles dans l'eau et dans l'alcool. La saveur de cet acide est fraîche. Traité par l'acide azotique, il peut se transformer en acide oxalique.

Valeur : Pur, 80 fr. le kilo.

Acide molybdique.

Produit chimique non dénommé autre, n° 282.

Solide, blanc, devient jaune par la calcination. On peut l'obtenir cristallisé en aiguilles soyeuses et brillantes ; fusible et se prenant en masse cristalline par refroidissement ; peu soluble dans l'eau.

Valeur : Pur, 17 fr. le kilo.

Acide oléique, n° 238.

Liquide incolore. Légère odeur de suif ; pas de saveur particulière. Insoluble dans l'eau. Soluble dans l'alcool et l'éther. Dissout facilement les corps gras. Rougit le tournesol. Dans le commerce, on le trouve coloré en brun pâle.

Lorsqu'il reste liquide à la température de 20 degrés, l'acide oléique doit être considéré comme exempt d'acides gras. Celui qui fige partiellement à cette température doit acquitter le droit de douane de l'acide stéarique sur la quantité d'acide stéarique solide qu'on en pourrait extraire à la même température par filtration et par pression.

Usages : Savons, foulage des laines.

Acide osmique.

Produit chimique non dénommé autre, n° 282.

Cristallise en prismes réguliers brillants, odeur caractéristique de raifort. Fond à basse température. Se ramollit comme la cire à la température de la main. Tache la peau et le linge en noir. Très soluble dans l'eau. *Poison.*

Valeur : de 7 à 9 fr. le gramme.

Acide oxalique, n° 238.

Petits cristaux incolores. Saveur aigre et très piquante. Soluble dans l'eau chaude. On peut le décomposer par la calcination ; quand il est pur, il ne donne aucun résidu si on le chauffe sur une lame de platine. Avec l'eau de chaux il donne un précipité insoluble dans l'eau, mais soluble dans les acides. Il a la propriété de réduire les sels d'or. Enlève les taches d'encre facilement.

A haute dose c'est un poison.

Usages : Teinture, laboratoires, médecine.

Acide palmitique.

Produit chimique non dénommé autre, n° 282.

Solide, blanc, aspect de l'acide stéarique. Insoluble

dans l'eau. Soluble dans l'alcool et l'éther. Fond à 60 degrés et se prend par refroidissement en une masse cristalline composée de paillettes nacrées et brillantes.

Valeur : Industriel, 115 fr. les 100 kil.

Raffiné, 215 fr. les 100 kil.

Acide phénique.

(PHÉNOL, ACIDE CARBOLIQUE)

Produit obtenu directement par la distillation du goudron de houille, n° 280.

Liquide incolore à l'état pur. Répand une odeur pénétrante caractéristique. Peu soluble dans l'eau. Soluble dans l'alcool et l'éther. Acide faible. Coagule l'albumine dans ses solutions à l'état sec. L'acide phénique est blanc, cristallin, mais il se colore rapidement à l'air. Il brûle avec une flamme fuligineuse.

Usages : Préparation de l'acide picrique.

Acide phosphorique, n° 238.

On le trouve dans le commerce à l'état de liquide sirupeux ou de verre transparent. Quand on ajoute quelques gouttes d'ammoniaque à une dissolution d'azotate d'argent et qu'on traite par l'acide phosphorique, il se produit un précipité caractéristique jaune de phosphate d'argent. Ce précipité est parfois blanc. L'acide phosphorique donne également un précipité dans un sel de magnésie additionné d'ammoniaque. Quand on plonge un morceau de papier dans l'acide phosphorique liquide, il charbonne si on le chauffe. *Poison violent.*

Acide picrique, n° 294.

Petits cristaux jaunes peu solubles dans l'eau et très solubles dans l'alcool. En mélangeant une solution de bleu de Prusse avec de l'acide picrique, on obtient un très beau vert utilisé en teinture. C'est un colorant puissant. Il teint la soie et la laine en jaune. Il colore fortement la peau.

Usages: Fabrication des picrates. Teinture. Falsification des bières.

Acide pyrogallique.
Produit chimique non dénommé autre, n° 282.

Cet acide est très soluble dans l'eau, dans l'éther et dans l'alcool. Mis en contact avec la potasse, il se colore en brun en absorbant l'oxygène. Donne avec les sels de fer des colorations caractéristiques. Ne précipite pas la gélatine (c'est ce qui le distingue de l'acide tannique). On le vend en aiguilles ou lamelles blanches. Sa solution aqueuse noircit à l'air. Le lait de chaux la colore en pourpre, puis en brun.

Usages : Photographie. Teinture. Laboratoires.

Valeur : Ordinaire, 14 fr. le kilo.

Bisublimé, 20 fr. le kilo.

Acide sélénique.
Produit chimique non dénommé autre, n° 282.

Liquide incolore, âcre et caustique, de consistance huileuse. Il attire l'humidité de l'air et s'échauffe au contact de l'eau. Il a l'aspect de l'acide sulfurique et donne, comme lui, un précipité dans le chlorure de baryum. Il est réduit à chaud par le cuivre.

Valeur : 325 francs le kilo.

Acide stéarique, n° 238.

Solide, blanc, soluble dans l'alcool et dans l'éther. Cet acide fond à 70 degrés et brûle avec une flamme blanche éclairante si on enflamme ses vapeurs. Il est plus léger que l'eau. (V. les notes page 532 pour le régime intérieur).

Usages : Fabrication des bougies et des savons.

Acide sulfoléique.
Produit chimique non dénommé autre, n° 282.

Liquide sirupeux, incristallisable, soluble dans l'eau. Saveur huileuse, amère. On l'importe parfois mélangé avec de l'huile minérale lourde. La saveur du produit peut servir de base d'appréciation. (Valeur variable.)

Acide sulfureux liquide.
Produit chimique non dénommé autre, n° 282.

Cet acide ne peut être maintenu liquide que sous pression dans des récipients spéciaux généralement en acier. Son odeur est suffocante et provoque la toux; elle rappelle l'odeur du soufre qui brûle.

Usages : Blanchiment de la laine et de la soie.

Valeur : Liquéfié, 50 fr. les 100 kil (par grandes quantités prix variable). En solution, 10 fr. les 100 kil. (variable suivant sa concentration).

Acide sulfurique anhydre.

Produit chimique non dénommé autre, n° 282,

Cristaux incolores. Aspect soyeux comme l'amiante. Il est difficile de conserver ces cristaux. A l'état liquide, c'est un acide huileux fumant, moins fluide que l'acide sulfurique ordinaire. On ne peut le conserver qu'à l'abri de l'air. On l'expédie généralement dans des boîtes en fer hermétiquement closes.

Valeur : de 15 à 18 fr. le kilo.

Acide sulfurique ordinaire, n° 238.
(VITRIOL, HUILE DE VITRIOL)

A l'état pur, cet acide est incolore. Il est généralement coloré en brun. Sa consistance est oléagineuse. Il est inodore. C'est un acide très énergique et un *poison violent*.

Lorsqu'on verse de l'acide sulfurique *dans l'eau* avec précaution, il y a élévation très sensible de température. Il ne faut pas verser l'eau dans l'acide, car le tube à essai pourrait se briser. Le fer et le zinc sont attaqués à froid par cet acide. Le plomb, le cuivre et le mercure le décomposent à chaud. Quand on verse une goutte d'acide sulfurique dans une dissolution de chlore de baryum, il se forme un précipité blanc abondant et insoluble de sulfate de baryte.

Acide tannique, n° 238.
(TANIN)

Matière en petits cristaux légèrement jaunâtres.

Soluble dans l'eau, dans l'alcool et dans l'éther. Sa dissolution est un peu acide. Saveur très astringente. Coagule l'albumine, la colle, l'amidon, la gélatine. Précipite en noir bleu les sels de sesquioxyde de fer.

Le tanin à l'alcool ou à l'éther est soluble dans l'eau et la colore en jaune clair.

Le tanin à l'eau donne avec l'eau une solution brune très foncée. D'un autre côté, le tanin à l'alcool se dissout dans l'alcool en laissant peu de résidu, tandis que le tanin à l'eau y détermine un dépôt abondant.

Le tanin est le contre-poison de l'opium.

Usages : Teinture, tannage de peaux, clarification des vins, médecine.

Valeur : 1° Tanin à l'eau, 55 fr. les 100 kilos (Extrait de chêne).

2° Tanin à l'alcool, 450 fr. les 100 kilos.

3° Tanin à l'éther, 580 fr. les 100 kilos.

Acide tartrique, n° 238.

Cristallise en gros cristaux incolores. Soluble dans l'eau et dans l'alcool ; mais l'éther ne le dissout pas. Saveur acide particulière et fraîche. Calciné, il se décompose en répandant une odeur de caramel et ne laisse pas de résidu. Lorsqu'il est pur et exempt d'acide sulfurique, il ne doit pas donner de précipité dans une solution de chlorure de baryum. Quand on verse une solution d'acide tartrique dans l'eau de chaux, il se produit un précipité de tartrate de chaux soluble dans un excès d'acide tartrique.

Usages : Laboratoires, teinture, médecine, eau de Seltz.

Acide tellurique.

Produit chimique non dénommé autre, n° 282.

Anhydre, cet acide est d'un jaune orangé insoluble dans l'eau. Hydraté, il se présente en cristaux incolores, hexagonaux, très solubles dans l'eau bouillante et insolubles dans l'alcool anhydre. Il rougit le tournesol en solution concentrée. Sa solution a un goût métallique.

Valeur : 3 fr. 50 le gramme.

Acide titanique.

Produit chimique non dénommé autre, n° 282.

Poudre blanche insoluble dans l'eau. Cet acide est soluble à chaud dans l'acide sulfurique et il prend une teinte jaune par la calcination. Il est infusible et indécomposable par la chaleur.

Valeur : Pur, 40 fr. le kilo (anhydre).

Natif préparé à 99 0/0, 3 fr. 75 le kilo.

Acide tungstique.

Produit chimique non dénommé autre, n° 282.

C'est un produit jaune ou blanc, amorphe ou en petits cristaux. Il est soluble dans l'acide fluorhydrique et dans les alcalis. L'acide chlorhydrique concentré peut dissoudre l'acide tungstique; cette solution

se colore en rouge par le zinc. Il rougit le tournesol.
Valeur : 8 fr. le kilo.

Acide wolframique, 340 fr. les 100 kilos.

Acide urique.

Produit chimique non dénommé autre, n° 282.

Petits cristaux blancs en forme de lamelles douces au toucher. Acide peu soluble dans l'eau. Insoluble dans l'alcool et l'éther. Quand on fait bouillir une solution d'acide urique avec du peroyde de plomb, on obtient une liqueur qui, filtrée, laisse déposer par refroidissement des cristaux d'allantoïne.

L'acide sulfurique concentré à chaud dissout l'acide urique ; sa solution donne par refroidissement de gros cristaux très déliquescents.

L'acide azotique dissout cet acide avec effervescence.
Valeur : Industriel, 10 fr. le kilo.

Acier

Définition. — On traite comme acier le métal qui prend la trempe (loi du 11 janvier 1892). Page 453 des notes. Après l'opération de la trempe, l'acier se casse au choc du marteau et résiste à la lime.

Aconitine.

Produit chimique non dénommé à base d'alcool, n° 282.

Se retire de l'aconit. L'acide sulfurique chaud la colore en jaune, puis en rouge violacé. L'aconitine cristallisée est peu soluble dans l'eau. Se dissout facilement dans l'alcool et dans l'éther. *Poison violent.*

Valeur : Amorphe, 1 fr. 75 le gramme.

Cristallisée, 8 fr. le gramme.

Albâtre, n° 175 bis.

On connaît deux variétés d'albâtre :

1° ALBATRE GYPSEUX : blanc, translucide, plus tendre que l'albâtre calcaire, se raye facilement à l'ongle. Ne fait pas effervescence avec les acides. On le trouve généralement en Toscane (Italie).

2° ALBATRE CALCAIRE : jaunâtre, veiné. On le trouve dans le sol en couches parallèles à veines de couleurs différentes. Il fait effervescence dans les acides minéraux.

Albumine, n° 327.

Quand l'albumine est desséchée, elle a l'aspect de la colle ou de la gomme. Elle est soluble dans l'eau. Quand on chauffe cette solution, elle se coagule et n'est plus soluble dans l'eau.

Si on verse du sublimé corrosif dans une solution d'albumine, elle se précipite. Ce précipité est soluble dans une dissolution de sel marin. L'acide azotique coagule facilement l'albumine. L'acide chlorhydrique concentré et bouillant dissout l'albumine en donnant une coloration d'un beau bleu.

Le blanc d'œuf liquide suit le régime de l'albumine.

Usages : Impression des tissus. Médecine. Clarification des liqueurs.

Alcool amylique, n° 257.
(HUILE DE POMME DE TERRE)

Liquide incolore, légèrement huileux. Odeur caractéristique, nauséabonde ; saveur âcre, tache le papier, mais l'évaporation fait disparaître cette tache. Peu soluble dans l'eau. Inflammable. Dissout le phosphore. l'iode et le soufre.

Lorsqu'il y a mélange avec l'alcool éthylique (alcool ordinaire), le régime de l'alcool ordinaire est exigible sur le volume total du produit.

Usages : Combustible, fabrication des colorants d'aniline et des essences artificielles.

Alcool cinnamique
Produit chimique non dénommé à base d'alcool, n° 282.

Solide, cristallin, odeur de jacinthe, saveur sucrée, soluble dans l'alcool et dans l'éther. Fond à 33 degrés, à la chaleur de la main. Peu soluble dans l'eau. Quand on laisse refroidir une solution de ce produit dans l'eau bouillante, le liquide devient laiteux.

Valeur : 80 fr. le kilo.

Alcool méthylique, n° 257 bis.
(ESPRIT DE BOIS, ALCOOL A BRULER)

Liquide incolore, très inflammable, d'une odeur aromatique qui rappelle l'éther acétique. Dissout les corps gras et les résines. Il coûte moins cher que l'alcool ordinaire et le remplace souvent dans ses nombreuses applications. Les mélanges d'alcool ordinaire et d'alcool méthylique suivent le régime de l'alcool ordinaire sur le volume total.

Usages : Combustible, vernis, dissolvant.

Alcool ordinaire, nº 174.

(ALCOOL DE VIN, ESPRIT DE VIN, ALCOOL ÉTHYLIQUE)

Liquide très mobile, à odeur particulièrement agréable. Très inflammable. Incolore à l'état pur. Avide d'eau. Dissout les résines et les corps gras. Brûle avec flamme jaune quand il est pur et avec flamme bleuâtre lorsqu'il est étendu d'eau. (V. la note 174.)

Usages : Liqueurs, dissolvant, laboratoires, vernis, parfumerie, médecine.

Aldéhyde cinnamique.
Produit dérivé des produits de la distillation de la houille, nº 280.

Liquide d'une odeur aromatique. Plus lourd que l'eau dans laquelle il est insoluble ; bout à 247 degrés. C'est un des principaux constituants de l'essence de cannelle. Se colore en brun à l'air en devenant résineux et acide. L'acide sulfurique concentré résinifie ce produit.

Aldéhyde vinique.
Produit chimique non dénommé autre, nº 282.

Liquide très odorant, qui provoque le larmoiement.

Soluble dans l'eau, dans l'alcool et dans l'éther. Brûle avec flamme blanche. Quand on chauffe de l'aldéhyde avec une solution alcaline, le mélange brunit et se transforme en une substance analogue à la résine. L'aldéhyde dissout le phosphore, l'iode et le soufre ; réduit les sels d'argent.

Usages : Argenture des réflecteurs en verre. Couleurs d'aniline.

Valeur : Absolu, 24 fr. le kilo (acétaldéhyde.)
       à 75 0/0 : 3.50 le kilo.
       à 50 0/0 : 2.50 —

Alizarine artificielle.
Teintures dérivées, n° 294.

Remplace maintenant dans l'art de la teinture l'alizarine naturelle. C'est une teinture dérivée de l'anthracène qui se fabrique surtout en Allemagne. Ce produit est vendu en pâte ou en solution aqueuse. Sa couleur est jaune d'ocre ; quand on traite dans un tube à essai une légère quantité d'alizarine par un excès d'ammoniaque, à chaud, le produit se dissout en partie et colore en violet pâle le liquide.

Alizarine naturelle, n° 293.
(GARANCINE)

Aiguilles jaunes ou rouges, brillantes, solubles dans l'alcool, l'acétone et les alcalis. Peu soluble dans l'eau. Sa couleur est rouge orangé ; les acides tendent à la faire virer au jaune et les alcalis au violet.

Le prix de l'alizarine naturelle est très élevé ; on remplace maintenant ce produit par l'alizarine artificielle.

Aloès, n° 122.

ORIGINE : Indes, Antilles, Afrique.

Suc solide à cassure brillante. Généralement rougeâtre, jaunâtre et parfois absolument noir. Saveur très amère. Peu soluble dans l'eau. Soluble même dans l'alcool étendu, odeur caractéristique.

Usages : Médecine, teinture, laques.

Aluminate de potasse.

Produit chimique non dénommé autre, n° 282.

Cristaux blancs, grenus, durs et brillants. Saveur caustique, réaction alcaline, ramène au bleu le tournesol. Ce sel est soluble dans l'eau ; il est insoluble dans l'alcool.

Valeur : 3 fr. 25 le kilo.

Aluminate de soude.

Produit chimique non dénommé autre, n° 282.

Soluble dans l'eau. Une solution de ce sel exposée à l'air absorbe l'acide carbonique ambiant, se trouble peu à peu et se transforme en carbonate de soude : l'alumine précipite. Quelques gouttes d'acide chlorhydrique produisent le même résultat, mais plus rapidement. Si on verse de l'acide en excès, le précipité disparaît.

Usages : Teinture, fabrication des laques.

Valeur : à 35 0/0 d'alumine, 58 fr. les 100 kilos liquide, à 25°, 45 fr. les 100 kilos.

Alumine anhydre ou alumine pure, n° 258.

L'alumine anhydre est poudreuse, blanche, légère, inodore, sans saveur.

Elle happe la langue, fond au chalumeau oxhydrique en un liquide visqueux étirable en fils.

Refroidie, elle forme une masse cristalline qui raye le verre.

Elle est insoluble dans l'eau.

(Ne pas la confondre avec l'alumine hydratée.)

V. article suivant.

Alumine hydratée, n° 259 ter.
(HYDRATE D'ALUMINE)

L'alumine hydratée à l'état de précipité gélatineux joue le rôle d'oxyde indifférent : si on verse de l'acide sulfurique sur l'hydrate d'alumine, on obtient du sulfate d'alumine; d'un autre côté, en attaquant l'hydrate d'alumine par une solution de potasse caustique, on produit l'aluminate de potasse. L'alumine a la propriété d'absorber les matières colorantes.

On a essayé d'introduire le kaolin et le sulfate d'alumine sous la dénomination d'alumine (V. ces mots).

L'alumine hydratée est blanche quand elle est humide ; sa dessiccation la rend translucide. Il n'y a pas à distinguer si l'hydrate d'alumine est à l'état sec ou à l'état humide, quelle que soit la proportion d'eau qu'il contient.

Aluminium, nº 203.

Métal très ductile, aspect blanc bleuâtre, très sonore, ne noircit pas au contact de l'hydrogène sulfuré, très léger. Sa densité est 2ᵏ560. On peut le réduire en fils ou en lames très minces. Il s'oxyde peu à l'air. Il n'est pas attaqué par l'acide azotique ; mais l'acide chlorhydrique même à froid l'attaque. Il s'amalgame facilement avec le mercure quand il n'est pas oxydé. Il s'agit ici du métal brut en plaques, barres ou fils.

Usages : Bijouterie, objets de précision.

Alun de chrome.
(Mordant sucré)

Produit chimique non dénommé autre, nº 282.

Gros cristaux violets de forme octaédrique. Soluble dans l'eau, insoluble dans l'alcool. Quand on chauffe une solution de ce sel, elle devient verte. Calciné. l'alun de chrome fond, abandonne son eau de cristallisation, devient poreux et très cassant. Il a alors un aspect verdâtre.

Usages : Teinture.

Valeur : Industriel, 35 fr. les 100 kil.

Alun de potasse, nº 259.
(Alun ordinaire)

Gros cristaux incolores très solubles dans l'eau. Saveur sucrée, puis astringente. Lorsqu'on chauffe de l'alun cristallisé dans un creuset, il fond, perd son eau de cristallisation en se boursouflant, il se transforme en alun calciné. On l'emploie dans cet état en médecine sous la forme d'une poudre blanche.

Usages : Teinture, impression, collage du papier, fabrication du stuc. Médecine.

Ambre gris.

Autres produits bruts propres à la médecine, n° 61.

Origine : Madagascar, Japon, Chili, îles du Cap Vert.

A l'état brut on le présente sous des formes irrégulières. C'est une matière assez dure, mais cassante, pouvant néanmoins recevoir l'impression de l'ongle. L'ambre gris a la propriété de surnager sur l'eau. Il fond facilement et renferme généralement des débris de coquillages. Son odeur est très agréable : elle se développe par le frottement.

Usages : Parfumerie, médecine.

Amiante.
(Asbeste)

Pierres et terres servant aux arts, n° 179 ter.

Origine : Italie, Corse, etc.

Minéral blanc. Se présente sous la forme de fibres douces au toucher, flexibles et très élastiques. On trouve parfois l'amiante dans le sol à l'état rugueux ; mais la poudre qui en provient est toujours douce au toucher. Sa couleur est généralement d'un blanc gris ; on a trouvé des fibres verdâtres ; mais quelle que soit sa couleur, on peut fondre ce minéral au chalumeau.

Usages : Fabrication des pipes et du linge dit « américain », garnitures de machines à vapeur.

Amidon, n° 318.

On le vend dans le commerce, soit en poudre blanche, soit en fragments colorés selon les besoins de l'industrie. Pas de saveur particulière. Inodore. Chauffé avec de l'eau, il se transforme en empois, et cet empois prend une coloration d'un très beau bleu quand on y jette de l'iode ou une goutte de teinture d'iode.

Chauffé, l'amidon se ramollit et finit par brûler avec une flamme éclairante.

Ammoniaque liquide anhydre.
Produit chimique non dénommé autre, n° 282.

Il s'agit de l'ammoniaque liquéfié à haute pression et comprimé dans des tubes spéciaux en acier. Quand on fait dévisser l'écrou de fermeture, l'ammoniaque gazeux se dégage en abondance, et on le reconnaît facilement à son odeur caractéristique. Il faut opérer avec précaution, car le gaz prend à la gorge en excitant le larmoiement.

Valeur : Pour l'industrie (fabrication de la glace), de 65 à 75 fr. les 100 kilos, selon le degré.

Ammoniaque en dissolution, n° 240.
(ALCALI VOLATIL)

Liquide incolore, odeur piquante qui excite le larmoiement. Quand on approche de l'ouverture d'un tube à essai qui renferme de l'ammoniaque un agitateur en verre imbibé d'acide chlorhydrique, il se forme d'abondantes vapeurs blanches de chlorhydrate d'ammoniaque. L'ammoniaque ramène au bleu une solution de tournesol rougie par un acide.

Aniline.

Produit dérivé des produits de la distillation de la houille, n° 280.

Liquide huileux généralement coloré en brun, peu soluble dans l'eau ; soluble dans l'alcool et dans l'éther. L'aniline forme sur le papier des taches que la chaleur fait disparaître ; elle prend une teinte violette sous l'influence du chlorure de chaux ; rouge puis bleue avec l'acide sulfurique additionné d'un peu de bichromate de potasse. Sa densité est supérieure à celle de l'eau. Elle est complètement soluble dans l'acide chlorhydrique.

Anthracène.

Produit obtenu directement par la distillation du goudron de houille, n 280.

A l'état brut il a une consistance butyreuse et grenue ; brun verdâtre. On trouve parfois l'anthracène sous la forme d'une poudre jaune. Purs, ses cristaux sont blancs avec une fluorescence violette. Fond vers 215 degrés en répandant une odeur irritante. Insoluble dans l'eau et dans l'alcool à froid. Soluble dans l'alcool et dans la benzine à chaud.

Usages : Fabrication de l'alizarine artificielle.

Anthraquinone.

Produit, dérivé des produits de la distillation de la houille, n° 280.

A l'état brut, c'est une poudre fortement colorée en brun ou en gris. Purifiée, elle est jaune. Elle cristallise par sublimation en aiguilles jaunes transparentes solubles dans l'acide acétique et dans la benzine.

L'anthraquinone donne, avec le brome, l'iode et l'acide azotique des produits de substitution.

Antifébrine.

(Acétanilide)

Produit chimique non dénommé autre, n° 282.

Poudre blanche cristalline. Saveur un peu brûlante. Peu soluble dans l'eau froide. Se dissout facilement dans l'alcool et dans l'éther. La taxe *ad valorem* a été convertie pour ce produit en un droit spécifique de 25 francs les 100 kilos net.

L'antifébrine fond à 101 degrés et se volatilise sans décomposition vers 295 degrés.

Antimoine, n° 227.

Métal blanc cristallin. On le vend en pains dans le commerce ; il a l'aspect de feuilles de fougère. Très cassant, s'oxyde peu à l'air. On le réduit en poudre facilement. Chauffé au chalumeau sur un morceau de charbon de bois, il émet des vapeurs blanches d'oxyde. Il se dissout dans l'eau régale.

Usages : Alliages, orfèvrerie.

Antipyrine.

*Produit chimique non dénommé à base d'alcool,
n° 282.*

Poudre blanche cristalline inodore, saveur amère. Très soluble dans l'eau et dans l'alcool. Fond à 111-112 degrés. Le perchlorure de fer donne une coloration rouge sombre avec l'antipyrine.

Dans le cas où le prix de l'antipyrine descendrait à 42 francs le kilo et au-dessous, la taxe de 5 0/0 serait remplacée par le droit de l'alcool en tarif général.

Valeur en 1902 : 45 francs le kilo (octobre 1902).

Arachides.

Fruits et graines oléagineux, n° 88.

ORIGINE : Amérique, Afrique, Indes.

Ce] fruit est une gousse oblongue, coriace, légèrement étranglée, de couleur blanchâtre. On cultive cette plante pour extraire les graines oléagineuses des fruits. Chaque gousse contient deux, trois ou quatre graines ovales, aplaties en un point, d'un aspect rougeâtre. L'intérieur de la graine est blanchâtre. On ne fait pas de distinction entre l'arachide en cosse et l'arachide écossée.

Argent, n° 201.

Métal blanc, peu oxydable ; légèrement jaunâtre. Malléable et ductile. Noircit au contact de l'hydrogène sulfuré. L'acide azotique attaque l'argent en donnant comme sel cristallisable l'azotate d'argent. En faisant dissoudre une petite quantité du sel ainsi obtenu dans de l'eau distillée et en y versant une goutte d'acide chlorhydrique, on obtient un précipité insoluble de chlorure d'argent.

Argiles plastiques.

Pierres et terres servant aux arts, n° 179 *ter*.

ORIGINE : Belgique, Allemagne, Italie, etc. (TERRE RÉFRACTAIRE).

L'argile plastique est généralement blanchâtre ; on en trouve dans la nature qui sont colorées en jaune ou en rouge. Elle est onctueuse et on peut facilement la délayer dans l'eau. Elle est extensible et d'une certaine ténacité.

Quand on la chauffe, elle perd son eau, diminue de volume et peut se durcir au point de faire feu au briquet ; elle est alors imperméable à l'eau.

Usages : Poteries, briques réfractaires.

Arséniates.

CARACTÈRES GÉNÉRAUX :

A. Solubles dans les acides, insolubles dans l'eau. (Exceptions : les arséniates alcalins.)

B. Chauffés avec du carbonate de soude et du charbon de bois, ils répandent une odeur d'ail.

C. Les arséniates alcalins donnent un précipité jaune avec l'acide sulfhydrique. (Il faut ajouter quelques gouttes d'acide chlorhydrique dans la solution.)

D. Les arséniates solubles donnent dans l'azotate d'argent un précipité rouge soluble dans l'ammoniaque ou l'acide azotique.

E. Quand on chauffe dans un tube à essai un mélange d'arséniate, d'acide borique et de charbon de bois, il se forme au haut du tube un anneau caractéristique d'arsenic métallique miroitant (on peut remplacer le mélange d'acide borique et de charbon par le cyanure de potassium).

F. Les arséniates solubles donnent dans le sulfate de cuivre un précipité blanc bleuâtre.

Arséniate de fer.

Produit chimique non dénommé autre, n° 282.

Poudre verte, insoluble dans l'eau, soluble dans les acides et dans l'ammoniaque. (V. Arséniates et sels de fer.)

Valeur : 3 fr. 75 le kilo.

Arséniate de potasse, n° 260.

Sel blanc, soluble dans l'eau froide ; plus soluble dans l'eau chaude. En dissolution il rougit le papier de tournesol. On peut caractériser ce sel par divers réactifs, en ayant soin d'aciduler légèrement sa solution par quelques gouttes d'acide chlorhydrique : l'azotate d'argent donne un précipité brun ; le sulfhydrate d'ammoniaque, un précipité jaunâtre. Ce

sel dégage une odeur d'ail quand on le jette sur le feu.
(V. Arséniates.)

Arséniate de soude, n° 260.

L'arséniate neutre se présente, sous forme de cristaux à 6 pans, inaltérables à l'air.

Ne pas confondre ce produit avec l'arséniate de potasse, qui est plus fortement taxé.

(Voyez Sels de soude et Sels de potasse, caractères généraux.)

Arsenic, n° 228.

Métal brillant, inodore. Brûle dans un foyer en produisant des vapeurs vénéneuses d'acide arsénieux ayant une odeur d'ail ; on doit le conserver sous l'eau. Quand on frotte de l'arsenic entre les doigts, on développe une odeur particulière. L'acide azotique à chaud attaque ce métal : il se dégage des vapeurs rutilantes, et il se forme de l'acide arsénieux qui dépose en cristaux blancs par refroidissement.

Arsénites.

CARACTÈRES GÉNÉRAUX :

A. Donnent avec le sulfate de cuivre un précipité vert (vert de Sheele).

B. L'hydrogène sulfuré produit dans les arsénites un précipité jaune (il faut ajouter un peu d'acide chlorhydrique à la liqueur). Ce précipité est soluble dans l'ammoniaque.

C. Quand on chauffe un arsénite dans un tube à essai avec du cyanure de potassium, il se forme un anneau miroitant d'arsenic métallique dans la partie froide du tube.

Assa foetida.

Autres résineux exotiques, n° 115 quater.

ORIGINE : Perse, Indes.

C'est un suc résineux qui s'importe en larmes transparentes, blanchâtres ou rougeâtres ; il est très fusible. Quand on casse une larme d'assa fœtida, on sent une odeur forte particulière, repoussante ; sa saveur est très amère.

Usages : Médecine.

Atropine et ses sels.

Produits chimiques non dénommés à base d'alcool, n° 282.

L'atropine s'extrait de la belladone. Aiguilles prismatiques blanches et soyeuses peu solubles dans l'eau et très solubles dans l'alcool.

L'atropine ramène au bleu le tournesol ; elle donne avec la teinture d'iode un précipité brun, avec le chlorure de platine un précipité isabelle. Quand on la brûle, elle répand l'odeur de l'acide benzoïque. *C'est un poison violent.*

Valeur : 1 fr. 25 le gramme.

Azobenzol,

Produit dérivé des produits de la distillation de la houille, n° 280,

Paillettes rougeâtres solubles dans l'alcool et l'éther ; fusibles à 68 degrés. L'azobenzol est peu soluble dans l'eau. Il est décomposable au rouge sombre.

Azotates,

CARACTÈRES GÉNÉRAUX :

A. Généralement solubles dans l'eau.

B. Projetés dans un foyer, ils fusent en activant la combustion.

C. Sont décomposables par la calcination.

D. Quand on chauffe dans un tube à essai la solution d'un azotate avec de l'acide sulfurique et quelques rognures de cuivre, l'acide azotique mis en liberté attaque le métal, et il se dégage des vapeurs rutilantes caractéristiques.

Azotate d'argent,

(PIERRE INFERNALE)

Repris aux sels d'argent, n° 254.

Sel blanc très soluble dans l'eau chaude. Soluble dans l'alcool. Légèrement acide. C'est un caustique très énergique. Frotté sur la peau avec un peu d'eau, il laisse une trace qui noircit peu à peu à la lumière. On le conserve dans des flacons jaunes parce qu'il s'altère à la lumière.

L'acide chlorhydrique et les chlorures alcalins précipitent en blanc la solution d'azotate d'argent.

Usages : Photographie, argenture, laboratoires, médecine.

Azotate d'ammoniaque.

Repris aux sels ammoniacaux autres, n° 252.

Cristallise en beaux cristaux incolores solubles dans l'eau et peu solubles dans l'alcool. Saveur fraîche et piquante. Quand on jette ce sel dans un foyer, il fuse en donnant une flamme rougeâtre caractéristique.

Produit un abaissement de température en se dissolvant dans l'eau. (V. Sels ammoniacaux.)

Usages : Fabrication de la glace artificielle. Médecine. Préparation du protoxyde d'azote.

Azotate de baryte.

Produit chimique non dénommé autre, n° 282.

Sel blanc en petits cristaux solubles dans l'eau. Saveur amère. L'acide sulfurique donne un précipité blanc, insoluble dans une solution de ce sel.

Un mélange de 8 gr. d'azotate de baryte, 3 gr. de soufre et 7 gr. de chlorate de potasse produit en s'enflammant un feu de Bengale vert.

Usages : Laboratoires, pyrotechnie.

Valeur : Pour l'industrie, 50 fr. les 100 k.

Chimiquement pur, 88 fr. les 100 k.

Azotate de bismuth.

Produit chimique non dénommé autre, n° 282.

1° |*Azotate neutre*. Prismes' volumineux incolores et transparents solubles dans l'acide azotique ordinaire. L'eau décompose ce sel en produisant un sel basique et une liqueur acide.

2° *Azotate basique*. Blanc, pulvérulent. Noircit au contact de l'acide sulfhydrique.

(V. Azotates, caractères généraux et sels de bismuth.)

Valeur : De 10 à 12 fr. le kilo.

Azotate de chaux.

Produit chimique non dénommé autre, n° 282.

Sel blanc déliquescent très soluble dans l'eau ; soluble dans l'alcool. Il fond au-dessous de 100 degrés dans son eau de cristallisation.

(V. Sels de chaux et azotates, caractères généraux.
Valeur : Pur, 3 fr. 75 le kilo.

Pour l'industrie, 100 fr. les 100 kilos.

Azotate de cuivre.

Produit chimique non dénommé autre, n° 282.

Sel d'un beau bleu, très soluble dans l'eau et dans l'alcool. Par la calcination on peut le décomposer facilement ; il reste alors comme résidu de l'oxyde de cuivre noir. (V. Sels de cuivre et azotates.)

Valeur : Cristallisé, 130 francs les 100 k. ;
liquide à 50° 100 fr. les 100 k.

Azotate de magnésie.

Produit chimique non dénommé autre, n° 282.

Sel blanc cristallisé, saveur amère, déliquescent, très soluble dans l'eau et dans l'alcool. (V. Sels de magnésie et Azotates.)
Valeur : Pur, 5 francs le kilo ;
pour l'industrie, desséché, 160 fr. les 100 k.

Azotate de nickel.

Produit chimique non dénommé autre, n° 282.

Anhydre, ce sel est en poudre jaune. Hydraté, il se présente en cristaux d'un très beau vert, très solubles dans l'eau. (V. Sels de nickel et Azotates.)
Valeur : 3 fr. 50 le kilo.

Azotate de plomb.

Sels de plomb, n° 255 *bis.*

Cristaux incolorés très solubles dans l'eau ; insolubles dans l'alcool. Cristallise en octaèdres réguliers blancs ou incolores. Décrépite au feu. (Voir Sels de plomb et Azotates.)
Usages : Impression, médecine.

2*

Azotate de potasse, n° 270.

(NITRE, NITRATE, NITRATE DE POTASSE, SEL DE NITRE,
SALPÊTRE)

ORIGINE : Existe en Amérique, dans l'Inde et en Egypte en quantités considérables.

A l'état de pureté, il cristallise en aiguilles. Saveur particulière des sels de potasse. Soluble dans l'eau et insoluble dans l'alcool. Fuse sur des charbons ardents. Traité à chaud dans un tube à essai par l'acide sulfurique, il laisse dégager des vapeurs d'acide azotique qu'il est facile de caractériser. (V. les notes n° 270.)

Usages : A l'état impur il sert comme engrais. Raffiné, il est employé en pyrotechnie et en médecine.

L'industrie et les arts l'emploient journellement.

Azotate de soude, n° 270.

(NITRATE DE SOUDE)

ORIGINE : Ce sel existe en quantités considérables au Pérou et au Chili, d'où il nous vient généralement.

A l'état pur il est blanc, en beaux cristaux très solubles dans l'eau : 100 grammes d'eau peuvent dissoudre 30 grammes de ce sel. Saveur fraiche, piquante. Fuse avec flamme jaune dans un foyer. Attaqué à chaud dans un tube à essai par l'acide sulfurique, il abandonne son acide azotique en vapeurs qu'il est facile de caractériser. (V. Sels de soude et Azotates.)

Usages : Préparation de l'acide azotique. Engrais. A l'état pur, médecine.

Azotate de strontiane.

Produit chimique non dénommé autre, n° 282,

Sel incolore. Soluble dans l'eau froide. Plus soluble dans l'eau chaude. Insoluble dans l'alcool. En chauffant ce sel dans un creuset, il se décompose et il reste comme résidu de la strontiane.

On obtient un feu de Bengale rouge en mélangeant 8 gr. de ce sel avec 3 gr. de soufre et 7 gr. de chlorate de potasse.

Usages : Pyrotechnie.

Valeur : 70 francs les 100 kilos.

Azotate de thorium.

Produit chimique non dénommé autre, n° 282.

Ce sel est employé dans la fabrication des manchons incandescents. Les solutions aqueuses de nitrate de thorium (*fluides éclairants*) acquittent le droit spécifique de l'azotate de thorium sur la proportion de ce sel qu'ils sont reconnus contenir à l'analyse chimique. La taxe *ad valorem* a été convertie pour ce sel en un droit spécifique de 3 francs par kilo. Ce droit est applicable aux manchons imprégnés, *calcinés* et rendus transportables par trempage dans le collodion. Ce droit se liquide sur la proportion du sel contenu dans les manchons (70 0/0 du poids net des manchons). La proportion à appliquer aux manchons non calcinés est de 10 0/0 de nitrate (Décision du 28 octobre 1895).

Azur, n° 239.

C'est du smalt (V. ce mot) qu'on a réduit en poudre. Il est inattaquable par les acides et par les alcalis à froid. C'est un produit très dense.

Quand on fond l'azur au chalumeau en le mélangeant avec du carbonate de soude, on obtient un produit qui, traité par l'eau bouillante et un acide minéral, laisse déposer la silice. Le sel de cobalt reste dans la dissolution, et on peut facilement le caractériser (V. Sels de cobalt); on a essayé d'introduire l'outremer (V. ce mot) sous la dénomination « azur ». L'outremer est décomposé à froid par les acides, tandis que l'azur résiste à leur action.

Usages: Peinture à l'huile; peinture sur porcelaine ; émaux.

Baryte.

Produit chimique non dénommé autre, n° 282.

(PROTOXYDE DE BARYUM)

Couleur grisâtre. Aspect caverneux. Se transforme en carbonate de baryte au contact prolongé de l'air. Il se produit une élévation de température lorsqu'on arrose avec de l'eau un morceau de baryte anhydre. La baryte est soluble dans l'eau; sa réaction est alcaline.

Usages: Réactif, sucreries, verreries, médecine.

Valeur: Chimiquement pure, 3 fr. 75 le kilo.

Cristallisée, pour l'industrie, 43 fr. les 100 k.

Sèche, pour l'industrie, 125 fr. les 100 k.

Baume de copahu, n° 117.

ORIGINE : Antilles, Mexique.

Baume transparent, légèrement jaunâtre, sirupeux. Odeur désagréable. Saveur amère. Insoluble dans l'eau et dans l'alcool. Plus léger que l'eau. Surnage.

Usages : Médecine.

Baume du Pérou, n° 117.

ORIGINE : Antilles; Mexique, Pérou, Brésil.

Ce baume est vendu sous deux aspects différents :

1° *En coques*, on le livre sous forme de pâte en morceaux d'une centaine de grammes ; il est alors opaque ; son odeur est suave, sa saveur parfumée.

2° *A l'état liquide*, il est sirupeux, noirâtre mais transparent ; sa saveur est amère, son odeur est plus forte que celle du baume vendu à l'état solide.

Usages : Médecine.

Baume de styrax, n° 117.

(BAUME DE STORAX)

ORIGINE : Iles de la Sonde.

On le trouve dans le commerce souvent falsifié, mais sous trois états distincts.

1° *Styrax calamite*. Il a l'aspect de larmes molles, résineuses et opaques. Odeur suave. Saveur parfumée et légèrement amère. Son odeur rappelle la vanille.

2° *Styrax commun*. On le livre en gâteaux qui ont l'aspect d'un mélange de sciure de bois rougeâtre et de baume de styrax, Ces gâteaux se brisent facilement. Odeur suave.

3° *Styrax liquide.* Baume opaque verdâtre. Odeur forte. Saveur aromatique. Très soluble dans l'alcool, auquel il communique son odeur particulière de benjoin.

Baume de tolu, n° 117.

ORIGINE : Amérique : Colombie.

Tel qu'il nous arrive, il est généralement solide, cassant, d'un aspect noirâtre ou jaune rougeâtre. Odeur suave ; saveur douce, mais un peu amère. Soluble dans l'alcool et l'éther ; peu soluble dans l'eau. Projeté dans un foyer, il brûle en répandant des vapeurs blanches très aromatiques qui rappellent l'encens.

Benjoin, n° 117.

(BAUME DE BENJOIN.)

ORIGINE : Sumatra, Bornéo, Amérique.

Se présente tantôt sous la forme de larmes à cassure vitreuse ou de morceaux irréguliers poudreux d'un blanc jaunâtre. Son odeur est suave. Quand on le chauffe doucement, il laisse dégager des vapeurs aromatiques rappelant l'encens. Le benjoin est très soluble dans l'alcool et dans l'éther, auxquels il communique son odeur agréable.

Usages : Parfumerie, médecine.

Benzidine.

Produit dérivé des produits de la distillation de la houille, n° 280.

Masse cristalline ou poudre grise. A l'état de pureté, paillettes blanches fusibles à 118 degrés, peu solubles dans l'eau froide, très solubles dans l'eau chaude, l'alcool et l'éther. Elle est inodore, d'une saveur âcre, alcaline et poivrée.

Benzine de houille.

Produit obtenu directement par la distillation du goudron de houille, n° 280.

(BENZÈNE, BENZOL)

Liquide incolore, très mobile, d'une odeur particulière rappelant le goudron de houille. Très volatil et très inflammable. Insoluble dans l'eau. Soluble dans l'alcool. Dissout facilement les corps gras : cire, caoutchouc. Brûle avec flamme fuligineuse. (Ne pas la confondre avec la benzine des pétroles. V. note 197.)

Usages : Dissolvant. Fabrication de la nitrobenzine (Essence de mirbane), peinture. Dégraissage.

Bismuth, n° 230.

ORIGINE : Suède, Plateau de Bohème.

Métal d'un blanc rougeâtre très friable. On peut le fondre très facilement. Quand on le coule sur une surface plane, il prend des couleurs irisées. Il est attaqué par l'acide azotique. L'acide sulfurique à chaud le transforme en sulfate insoluble dans l'eau. Il n'y a pas à distinguer entre le bismuth natif et le bismuth purifié.

Usages : Alliages, peinture sur porcelaine : art dentaire.

Blanc de baleine, n° 52.

(SPERMARCETI, ADIPOCIE.)

ORIGINE : Amérique.

A l'état raffiné, c'est un produit solide, blanc, brillant, inodore et presque translucide. Très fusible et très soluble dans l'alcool à chaud. A l'état impur on le livre au commerce sous la forme de pains d'un blanc jaunâtre.

Le blanc de baleine brut est cristallisé, jaunâtre, de la consistance du savon noir ; il renferme 1/3 d'huile. Le blanc de baleine pressé est la même matière dont on a exprimé toute la graisse : il est en petites écailles jaunâtres, ne tachant plus ou presque plus le papier.

Usages : Bougies diaphanes. Pharmacie.

Bleu de montagne, n° 305.

(CENDRES BLEUES)

On le trouve sous forme de rognons de structure cristalline. Il est d'un très beau bleu translucide et parfois même transparent ; il est très friable, et sa poudre est douce au toucher. C'est un carbonate de cuivre hydraté.

Les cendres bleues artificielles sont fabriquées en Angleterre par un procédé tenu secret ; elles ont l'éclat du bleu de montagne, mais sont plus stables. Le bleu de montagne mélangé de bleu de Prusse ou d'outremer suit le régime de ces produits.

Usages : Papiers de tenture.

Bleu de Prusse, n° 296.

Beaux cristaux d'un aspect doré, reflets cuivrés. Insoluble dans l'eau. Il a l'aspect de l'indigo ; mais il est inodore, pesant, et ne se sublime pas par la calcination comme le fait l'indigo (v. ce mot). L'acide sulfurique concentré ramène au blanc le bleu de Prusse ; mais la couleur primitive reparaît si on ajoute un excès d'eau après l'opération.

Les boules de bleu sont à base d'indigo. (V note 287.)

Usages : Teinture et impression.

Bois de teinture divers, n° 140.

Bois de Brésil. Quand on chauffe du bois de Brésil avec une solution de bichromate de potasse, on obtient une coloration brune caractéristique.

Bois de Campêche. (Voir Campêche.)

Bois de Fernambouc.

ORIGINE : Brésil, Jamaïque.

Bois très dur et très dense, d'un rouge franc ; saveur agréable, odeur aromatique. Soluble dans l'alcool et légèrement dans l'eau. Les acides étendus font virer ses solutions au jaune. Les alcalis les font passer au bleu violet. L'acétate de plomb y produit un précipité cramoisi.

Bois de santal rouge.

ORIGINE : Indes.

Bois rouge un peu moins lourd que le Fernambouc ; très résineux. Sa solution alcoolique rouge est détruite par le chlore. Les sels de plomb produisent un précipité violet. Sa saveur est astringente.

Bois jaune.

ORIGINE : Amérique.

On l'importe souvent en grosses bûches jaunes parsemées de veines résineuses rouges. Le sulfate de fer donne un précipité brun dans une solution de ce bois.

Borate de soude, nº 261.

A l'état raffiné : BORAX.

A l'état brut : FINKAL. (Asie et Amérique).

Ce produit nous arrivait autrefois à l'état brut d'Asie et d'Amérique. On le produit maintenant dans l'industrie en attaquant le carbonate de soude par l'acide borique. Le borax natif est doux au toucher ; il a une odeur savonneuse ; ses cristaux ne sont jamais purs.

Purifié, il cristallise sous forme de beaux cristaux assez volumineux. Il ramène au bleu le tournesol. Peu soluble dans l'eau froide.

Chauffé fortement, il perd son eau de cristallisation et entre en fusion. Il peut alors dissoudre certains oxydes métalliques.

Quand on verse quelques gouttes d'acide sulfurique sur du borate de soude pulvérisé en y ajoutant de l'alcool, le mélange allumé produit une flamme verte caractéristique.

Usages : Fonderie des métaux précieux. Soudure, vitrifications, laboratoire Médecine.

Brome, n° 234.

Liquide rouge-brun, odeur désagréable. Excite la toux. Soluble dans la benzine, l'éther, l'alcool et dans le sulfure de carbone. Peu soluble dans l'eau. Avec l'azotate d'argent le brome donne un précipité jaunâtre insoluble dans l'eau et soluble dans l'ammoniaque.

Le brome se combine facilement avec les métalloïdes : un fragment de potassium détone spontanément dans le brome.

Il décolore l'encre, l'indigo et la plupart des matières colorantes végétales.

Poison violent. (Contre-poison : ammoniaque étendu.)

Usages : Laboratoires.

Bromhydrate d'ammoniaque, n° 234.

(BROMURE D'AMMONIUM)

Ce produit est très soluble dans l'eau et peu soluble dans l'alcool.

Ses cristaux sont longs et incolores. Ils se volatilisent sans fusion. (V. Bromures, caractères généraux et sels ammoniacaux.)

Bromoforme, n° 234.

Liquide incolore, plus lourd que l'eau ; soluble dans l'alcool et dans l'éther. Odeur agréable, éthérée. Saveur sucrée. Ce produit s'altère à la lumière. Il est moins volatil que le chloroforme. Quand on le soumet à l'ébullition avec la potasse, il éprouve une décomposition analogue à celle que subit le chloroforme dans les mêmes conditions.

Bromures.

CARACTÉRES GÉNÉRAUX :

A. Généralement solubles dans l'eau.

B. Donnent avec l'azotate d'argent un précipité jaunâtre soluble dans l'ammoniaque ou l'hyposulfite de soude.

C. Quand on chauffe un bromure avec un mélange de bioxyde de manganèse et d'acide sulfurique concentré, le brome se dégage.

Bromure de cadmium, n° 234.

Cristaux longs, efflorescents, solubles dans l'alcool et dans l'éther.

Le bromure de cadmium se sublime au rouge.

Bromure de calcium, n° 234.

S'obtient en traitant le lait de chaux par le bromure de fer.

(V. Bromures, caractères généraux et Sels de chaux.)
Il cristallise en longues aiguilles déliquescentes très solubles dans l'eau et dans l'alcool.

Bromure de camphre, n° 234.

Cristaux durs et cassants, blancs ; odeur agréable, qui rappelle le camphre et la térébenthine. Saveur amère. Très soluble dans l'alcool et l'éther. Il fond à 76 degrés.

Bromure d'éthyle, n° 234.

(ÉTHER BROMHYDRIQUE)

Liquide incolore, plus lourd que l'eau. Ebullition à 38 degrés ; odeur éthérée. Peu soluble dans l'eau, soluble dans l'alcool et dans l'éther. Saveur sucrée, puis désagréable. La fabrication d'un kilo de bromure d'éthyle exige l'emploi d'un litre d'alcool. Les vapeurs sont anesthésiques. Il brûle avec une belle flamme verte.

Bromure d'éthylène, n° 234.

Liquide incolore, odeur agréable. Plus lourd que l'eau. Se congèle vers zéro. Se décompose au soleil en donnant un corps huileux chloré. Est décomposé à froid par le potassium.

Bromure de fer, n° 234.

Cristaux verdâtres. Obtenu par sublimation, ce sel est anhydre.

On l'obtient en traitant le fer par le brome en présence de l'eau.

Le bromure ferreux est en masse lamelleuse, très fusible, d'un jaune clair ou verdâtre. Le bromure ferrique est en cristaux d'un rouge foncé.

Bromure de lithium, nᵒ 234.

Sel blanc très déliquescent, ayant la saveur particulière des bromures alcalins.(V. Bromures, caractères généraux.) Il est très soluble dans l'eau et tombe en déliquescence à l'air libre.

Bromure de potassium, nᵒ 234.

Sel blanc, solide, cristallise en cubes. Très soluble dans l'eau. Sa solution a une saveur alcaline et piquante. Il décrépite au feu et fond sans décomposition. Sa solution aqueuse se colore par l'action du chlore en rouge orangé ; elle peut être sensiblement décolorée par agitation avec de l'éther qui enlève le brome mis en liberté.

Usages : Médecine, laboratoires, photographie.

Brucine et ses sels.

Produits chimiques non dénommés, à base d'alcool,
nᵒ 282.

Cristallise en prismes rhomboïdaux ou en masses feuilletées d'un blanc nacré ayant l'aspect de l'acide borique. Ramène au bleu le papier de tournesol. La brucine est un peu soluble dans l'eau, et elle est insoluble dans l'éther. Le brome en solution alcoolique colore la brucine en violet. L'acide sulfurique concentré attaque la brucine en donnant d'abord une coloration rose, puis jaune et enfin verdâtre. L'acide azotique concentré colore la brucine à froid en rouge sang : la couleur devient violette si on y ajoute un peu de protochlorure d'étain. Les sels de brucine ont les mêmes propriétés.

Valeur : 30 centimes le gramme.

Cachou, n° 289.

ORIGINE : Indes.

Le cachou est généralement inodore ; il est d'un brun jaunâtre. Sa saveur est particulièrement astringente, un peu amère et sucrée ensuite. On l'importe en gâteaux ou en pains de formes différentes, selon le lieu de production. Sa cassure est brillante et résineuse. Il brûle sans flamme en laissant peu de résidus. Il est partiellement soluble dans l'eau froide et dans l'éther.

Usages : Teinture, médecine, tannage.

Cadmium, n° 229.

ORIGINE : Silésie.

Métal ayant l'aspect de l'étain. Reflets bleuâtres. Brillant, mou, ductile et très malléable. Il a le cri de l'étain quand on le plie. Ce métal se dissout dans les acides minéraux en donnant lieu à un dégagement d'hydrogène.

Usages : Alliages de Wood, jaune de cadmium, art dentaire, photographie.

Caféine et ses sels.

Produit chimique non dénommé à base d'alcool, n° 282.

Cristallise en fines aiguilles soyeuses. Saveur amère. Se volatilise par la chaleur. Soluble dans l'eau et dans l'alcool. En évaporant à sec une solution de caféine dans l'eau de chlore, puis en traitant par l'ammoniaque, on obtient une coloration rouge-violet caractéristique.

Usages : Médecine.

Valeur : 20 centimes le gramme.

Campêche.

Bois de teinture, n° 140.

ORIGINE : Amérique.

Le bois de Campêche est dur, compact, plus pesant que l'eau. Sa couleur extérieure est rouge, brune, ou noirâtre.

La solution de campêche a une saveur légèrement sucrée. Les acides font passer au rouge la teinture de campêche ; les alcalis, au contraire, la font virer au bleu. Les sels d'alumine précipitent ses solutions en bleu. Le sulfate de cuivre les fait virer au bleu également.

Usages : Teinture, falsification des vins.

Camphre, n° 118.

ORIGINE : Japon, Sumatra, Bornéo.

Solide à la température ordinaire, odeur agréable caractéristique. Quand on jette un petit morceau de camphre sur l'eau, il prend un mouvement giratoire.

C'est une essence très cassante, blanche, cristalline, qui brûle facilement. Le camphre est soluble dans l'alcool (alcool camphré) et dans l'éther.

Quand on verse de l'eau en excès dans une solution alcoolique de camphre, il se forme un précipité insoluble de camphre à l'état floconneux. Le camphre brut est grumeleux, sans adhérence, d'un gris sale. Dans cet état il renferme des matières étrangères.

Usages : Insecticide, antiseptique. Médecine.

Cannelle, n° 102.

On trouve dans le commerce plusieurs variétés de cannelle :

A. *Cannelle de Ceylan.* Se présente sous forme de tubes très minces enfermés les uns dans les autres. Saveur agréable aromatique.

B. *Cannelle de Cayenne.* Elle est vendue en tubes plus gros que la précédente.

C. *Cannelle de Chine.* On l'importe en rouleaux épais très courts. Son épaisseur est d'un millimètre au maximum. Couleur jaune rougeâtre, saveur agréable.

D. *Cannelle blanche.* On la présente en morceaux

roulés d'un jaune clair ou d'un beau blanc. Sa cassure est presque résineuse, et son odeur rappelle l'œillet. Saveur très piquante : elle est surtout employée en médecine.

Caoutchouc, n° 119.

ORIGINE : Amérique, Afrique, Indes.

Le caoutchouc est généralement brun ; il est parfois blanc quand il a séjourné dans l'eau. Insoluble dans l'eau, soluble dans la benzine, l'essence de térébenthine, l'éther et le sulfure de carbone. Il brûle facilement avec une flamme fuligineuse. Il devient très élastique au fur et à mesure qu'on le chauffe : à 50 degrés on peut l'allonger à volonté, et vers 220 degrés il est tout à fait liquide.

Carbonates.

CARACTÈRES GÉNÉRAUX.

A. Font effervescence avec un acide minéral. Il faut parfois chauffer.

B. Sont généralement insolubles dans l'eau. (Exception : carbonates alcalins.)

C. Calcinés, ils abandonnent leur acide carbonique (Exception : carbonates alcalins.)

D. Les carbonates alcalins donnent avec l'eau de chaux un précipité soluble dans l'acide chlorhydrique.

Carbonate d'ammoniaque.

(SEL VOLATIL D'ANGLETERRE)

Sels ammoniacaux autres, n° 252.

Sel blanchâtre à structure fibreuse, odeur ammoniacale prononcée. Ramène au bleu le tournesol. Saveur caustique. A l'état brut, ce sel est grisâtre. Raffiné, il est blanc et souvent en plaques de quelques centimètres d'épaisseur. Il se décompose dans l'eau bouillante.

Usages : Laboratoires, médecine.

Carbonate de baryte.

Pierres et terres servant aux arts, n° 179 ter.

ORIGINE : Angleterre, Sibérie, Allemagne.

A l'état natif, il est souvent impur. Il est généralement jaunâtre ou verdâtre, translucide. Il ne fait pas facilement effervescence avec les acides à froid ; il faut chauffer pour obtenir le dégagement d'acide carbonique. Quand on opère avec l'acide chlorhydrique, il se forme du chlorure de baryum soluble qu'il est facile de caractériser ; on étend la solution avec un peu d'eau distillée et on y verse une goutte d'acide sulfurique ; il se forme aussitôt un précipité blanc insoluble de sulfate de baryte qui dépose. Le carbonate de baryte artificiel suit le même régime.

Carbonates de chaux.

A. Craie, *n° 179 ter.*

C'est un carbonate de chaux à peu près pur. La craie est très blanche et elle est complètement soluble avec effervescence dans l'acide chlorhydrique à froid. Quand on traite la solution qui provient de cet essai, même étendue d'eau distillée par une dissolution d'acide oxalique, il se forme un précipité blanc insoluble d'oxalate de chaux.

B. Marbre proprement dit, *n° 175.*

Fait effervescence avec les acides minéraux. On peut facilement rayer le marbre avec une pointe d'acier. Sa texture est saccharoïde ou compacte. Parmi les marbres *saccharoïdes* on cite : le *marbre blanc statuaire*, ou *marbre de Carrare*, qu'on tire d'Italie ; le *marbre de Paros*, à structure lamelleuse ; le *marbre bleu turquin* est coloré en gris bleuâtre ; il se rencontre en Toscane. Le *marbre de Sienne* jaunâtre, parfois veiné de bleu, ne s'importe qu'en petits blocs, car il est d'un prix fort élevé.

Il existe une variété infinie de marbres *compacts* : on les trouve en Espagne, en Italie, en Allemagne, en France, etc.

Carbonate de cuivre.

(MALACHITE)

Origine : Caucase, Monts Ourals.

A l'état de minerai, le carbonate de cuivre est repris au n°221. En fragments volumineux et ouvrés, la malachite suit le régime des marbres, n° 175 (page 384 des notes).

La malachite est un beau carbonate de cuivre hydraté qu'on trouve en abondance dans certains filons. C'est un sel d'un vert émeraude qu'on rencontre plutôt en rognons opaques qu'en cristaux bien définis. Sa couleur est parfois bleuâtre. Le vert de montagne est de la malachite pulvérisée.

(V. Carbonates, caractères généraux, et Sels de cuivre.)

Usages : Objets d'art, peinture.

Carbonate de magnésie (hydro), n° 262.

(MAGNÉSIE BLANCHE DES PHARMACIENS)

On la trouve généralement dans le commerce sous forme de pains rectangulaires blancs, très légers. C'est un sel sans goût qui, présenté dans cet état, happe la langue. Il est glissant sous les doigts comme la poudre de savon. Il fait effervescence à froid avec les acides et se dissout dans l'acide sulfurique.

Le carbonate natif est repris au n° 179 *ter*.

Usages : Médecine, impression.

Carbonate de plomb, n° 262.

(CÉRUSE, BLANC DE CÉRUSE, BLANC DE PLOMB, BLANC D'ARGENT)

Sel très blanc, très lourd, poudre fine. Fait effervescence avec les acides minéraux, même à froid, en produisant des sels de plomb plus ou moins cristallisables.

Si on opère avec de l'acide azotique, il se forme de l'azotate de plomb soluble qu'on peut caractériser : on verse à cet effet dans la solution obtenue quelques gouttes d'acide sulfurique, il se forme un précipité blanc qui noircit immédiatement, si on le traite par le sulfhydrate d'ammoniaque.

Usages : Peinture, mastic. Médecine.

Carbonate de potasse, nᵒ 242.

Appelé *potasse* improprement dans le commerce. Gros cristaux très solubles dans l'eau. Lorsqu'on verse de l'acide sulfurique dans une solution de ce sel, il se produit une vive effervescence, et il se dégage de l'acide carbonique. (V. Carbonates, caractères généraux, et Sels de potasse.)

Usages : Industrie, médecine.

ORIGINES ET CARACTÈRES DES POTASSES DU COMMERCE :

Potasse rouge d'Amérique. Morceaux ayant une teinte rougeâtre, grise ou violacée.

Potasse perlasse d'Amérique. Petits morceaux irréguliers très blancs ou légèrement azurés.

Potasse de Russie. Fragments légers, friables, irréguliers, d'un blanc bleuâtre.

Potasse de Pologne. Ressemble à la précédente, mais elle est plus dure et plus lourde.

Carbonate de soude, n° 247.

Appelé improprement *soude*, *cristaux de soude*, dans le commerce.

Sel incolore, saveur caustique, très soluble dans l'eau.

Les cristaux de ce sel s'altèrent à l'air et perdent leur transparence. Quand on traite une solution de carbonate de soude par l'acide sulfurique, il se produit une vive effervescence, il se dégage de l'acide carbonique, et il se forme du sulfate de soude.

Note. — Pour le titrage des soudes, voir circulaire n° 872, nouvelle série.

Usages : Industrie, médecine.

Carbonate de soude (bi-) n° 249.

On le vend principalement en poudre blanche. Ce sel bleuit le tournesol et fait effervescence avec le acides les plus faibles, le vinaigre par exemple. On le distingue du carbonate de soude en ce qu'il est environ 5 fois moins soluble dans l'eau, n'est pas efflorescent et ne donne aucun précipité quand on le traite par le sulfate de magnésie.

Carbure de calcium.

Produit chimique non dénommé autre, n° 282.

On le vend dans le commerce sous la forme de masses noires homogènes à cassure cristalline. Ce produit est décomposé à froid quand on le jette dans une éprouvette contenant de l'eau. Si on enflamme l'acétylène qui se dégage, on obtient une belle flamme très éclairante. Il faut opérer dans une éprouvette étroite renfermant de l'eau aux trois quarts et attendre, un instant avant d'enflammer le gaz, que l'air de l'éprouvette soit parti, car il pourrait se produire un mélange détonant. Après l'opération, il reste au fond de l'éprouvette de la chaux en poudre.

Usages : Fabrication de l'acétylène.

Valeur : 52 fr. les 100 kil. (variable) à 70 0/0.

Carmin, n° 297.

ORIGINE : Le carmin se retire de la cochenille (V. ce mot). On le prépare en Algérie, en Amérique, en Espagne et aux Indes.

C'est une belle matière colorante, d'un rouge-violet, qu'on peut caractériser de la même façon que la cochenille elle-même (V. Cochenille). En traitant par l'eau la laque carminée, on peut facilement isoler la matière colorante par le filtre et faire les recherches chimiques nécessaires. Le chlore décolore rapidement les solutions de carmin.

Le *carmin fin* est une poudre d'un rouge clair, très vif, qu'on livre parfois en pains. Sa valeur est de 20 francs le kilo.

Le *carmin commun* (laque carminée) se prépare avec les résidus des matières dont on a extrait le carmin fin. Sa valeur est de 6 francs le kilo, environ.

Usages : Teinture et peinture.

Castoréum.

Autres produits bruts propres à la médecine, n° 61.

ORIGINE : Canada.

Matière résineuse, brune, rougeâtre ou jaunâtre, saveur âcre et amère, odeur forte. On la retire des poches spéciales des castors.

Charbon animal, n° 41.

(NOIR ANIMAL, CHARBON D'OS, NOIR D'OS)

Décolore les liquides. Quand on agite du vin rouge avec du noir animal et qu'on jette le tout sur un filtre, la matière colorante est retenue par le noir d'os. On l'importe en grains à structure caverneuse ; ils ont un éclat métallique.

Usages : Décolorant pour sirops, mélasses, etc.

Chaux ordinaire et hydraulique, n° 184 bis.

A l'état anhydre, on la désigne sous le nom de chaux vive. Quand on verse de l'eau peu à peu sur cette chaux, elle se transforme en chaux éteinte avec dégagement de chaleur.

La chaux est blanche, infusible, saveur très caustique ; ramène au bleu le tournesol ; elle est légèrement soluble dans l'eau (eau de chaux).

La chaux ordinaire s'importe en vrac. La chaux

hydraulique s'importe en sacs ou en fûts. Ce mode d'emballage détermine le droit à appliquer ; la chaux en vrac est exempte de droits.

Usages : Mortiers, savons, teinture, tannage, etc.

Chloral.

(ALDÉHYDE TRICHLORÉ)

Produit chimique non dénommé à base d'alcool, n° 282.

Anhydre, le chloral est un liquide oléagineux d'une odeur pénétrante, irritant les yeux. Saveur grasse et caustique. Soluble dans l'eau, dans l'alcool et dans l'éther.

Hydraté, il se présente en morceaux ou plaques saccharoïdes ou en petits cristaux blancs. Il est onctueux au toucher et il dégage une odeur particulière qui rappelle le chloroforme.

Valeur : Anhydre, 7 fr. 50 le kilo.

Hydraté en croûtes, 4 fr. le kilo.

Chlorates.

CARACTÈRES GÉNÉRAUX.

A. Généralement solubles dans l'eau.

B. Projetés dans un foyer, ils activent la combustion ; ils fusent plus vivement que les azotates.

C. Chauffés, ils laissent dégager de l'oxygène.

D. Le mélange d'un chlorate avec du charbon ou du soufre détone sous le choc du marteau. (Il faut opérer sur peu de matière.)

Chlorates de baryte, n° 264.

A. Le *chlorate* cristallise en prismes rhomboïdaux. Quand on le chauffe brusquement, il fait explosion. Mélangé avec le soufre, il détone sous le choc du marteau. Il est soluble dans l'eau et insoluble dans l'alcool.

B. Le *perchlorate* est déliquescent et très soluble dans l'eau. Il cristallise en prismes hexagonaux assez volumineux. Calciné, il se transforme en chlorure de baryum. (Il faut chauffer avec précaution.)

Du papier imprégné de ce sel brûle avec une flamme verte.

Chlorate de potasse, n° 264.

Sel incolore en petits cristaux solubles dans l'eau, saveur fraîche. Projeté dans un foyer, il active la combustion.

Traité à froid par l'acide sulfurique, il prend une teinte jaune très foncée, et il se dégage de l'acide hypochlorique dont l'odeur est caractéristique.

Un mélange de ce sel et de sucre détone sous le choc du marteau.

Usages : Capsules fulminantes, teinture, médecine, etc.

Chlorate de soude, n° 264.

Cristallise sous forme de petits cubes. Chauffé

avec de l'acide azotique, il dégage de l'oxygène et du chlore. Il est assez soluble dans l'eau à chaud.

(V. Chlorates, caractères généraux, et Sels de soude.)

Chlore liquide.

Produit chimique non dénommé autre, nº 282.

Le chlore peut se liquéfier sous de fortes pressions comme l'acide carbonique. On l'importe dans des tubes spéciaux en acier qu'il faut vérifier avec précaution. (V. Ammoniaque.) Son odeur est très désagréable ; elle prend à la gorge et provoque parfois des vomissements de sang.

Valeur : Par quantité de 100 kilos, à 1 fr. 50 le k.

Id de 50 kilos, à 2 fr. le k.

Chlorhydrate d'ammoniaque, nº 252.

(SEL AMMONIAC)

Ce sel cristallise en belles aiguilles solubles dans l'eau et dans l'alcool. Lorsqu'on chauffe un fragment de sel ammoniac sur une lame de platine, il se sublime sans se décomposer et disparaît complètement. Brut, il est gris ; raffiné, il est blanc. Sa saveur est fraîche, urineuse et piquante. (V. Sels ammoniacaux.)

Usages : Laboratoires, teinture, décapage des métaux, médecine.

Chlorite de chaux (hypo), n° 265.

(CHLORURE DE CHAUX)

Poudre blanche, odeur de chlore très prononcée, soluble dans l'eau. Décolore l'encre ordinaire. Saveur âcre et piquante. Les acides le décomposent rapidement.

Usages : Blanchiment des fibres textiles, impression des tissus, désinfectant, médecine.

Chlorite de potasse (hypo), n° 282.

(EAU DE JAVELLE)

Ce produit est employé en dissolution comme décolorant. Il a une odeur de chlore caractéristique. Repris aux *produits chimiques non dénommés autres*.
Valeur : 30 fr. les 100 kilos.

Chloroforme, n° 266 ter.

Liquide d'une odeur éthérée. Brûle avec flamme bleue. Insoluble dans l'eau et soluble dans l'alcool. L'iode et le brome se dissolvent facilement dans ce produit à la température ordinaire. Une mèche de coton imprégnée de chloroforme brûle avec une flamme rouge et fuligineuse bordée de vert. (V. la note 266 *ter* pour la taxe de dénaturation.)

Usages : Médecine, anesthésique, dissolvant, laboratoires.

Chlorures.

CARACTÈRES GÉNÉRAUX :

A. Généralement solubles dans l'eau. (Exceptions : chlorure d'argent, protochlorure de mercure, chlorure de plomb.)

B. L'acide sulfurique les décompose à chaud et à froid : l'acide chlorhydrique se dégage ; on le caractérise en présentant au tube de dégagement une baguette imbibée d'ammoniaque ; il se forme d'abondantes fumées blanches.

C. Les chlorures solubles donnent dans l'azotate d'argent un précipité blanc caillebotté. Ce précipité est soluble dans l'ammoniaque ou l'hyposulfite de soude.

Chlorure d'aluminium, n° 265.

Solide, volatil, légèrement jaunâtre. Très soluble dans l'eau et dans l'alcool. Quand on le jette dans l'eau, il fait entendre un sifflement, et la dissolution s'opère avec dégagement de chaleur. (V. Chlorures, caractères généraux.)

Chlorure d'antimoine (proto-), n° 268,

(BEURRE D'ANTIMOINE).

Solide à la température ordinaire ; aspect gras, fond facilement, blanc grisâtre, très déliquescent ; soluble dans l'eau acidulée par de l'acide tartrique. Très caustique, décape le cuivre jaune.

Usages : Médecine, apprêts.

Chlorure d'argent

Sels d'argent n° 254.

Sel blanc, très dense, caillebotté. Insoluble dans l'eau et l'acide azotique, mais peut se dissoudre dans l'acide chlorhydrique concentré. Sa propriété caractéristique est de se dissoudre dans l'ammoniaque et l'hyposulfite de soude. Le chlorure d'argent noircit rapidement à la lumière. Calciné, il fond et durcit par refroidissement ; il a alors l'aspect de la corne. On le conserve dans des flacons opaques.

Chlorure de baryum.

Produit chimique non dénommé autre, n° 282.

Cristaux incolores de forme cubique, qui décrépitent lorsqu'on les projette dans un foyer. Ils peuvent fondre sans se décomposer.

Une solution de ce sel est précipitée par l'acide sulfurique. On peut faire cette expérience dans un tube à essai en opérant sur une très petite quantité de chlorure de baryum qu'on dissout dans l'eau *distillée* ; une goutte d'acide sulfurique fait apparaître le précipité insoluble, blanc, caractéristique de sulfate de baryte.

Usages : Laboratoires, désincrustant, médecine, fabrication des sels de baryte.

Valeur : Chimiquement pur, 50 fr. les 100 kilos. — Pour l'industrie, par quantités de 5,000 kilos, à 17 fr. les 100 kilos ; prix allemand. — Pour l'industrie, par quantités de 5,000 kilos, à 10 fr. les 100 kilos ; prix belge.

Chlorure de benzoyle.
Produit dérivé des produits de la distillation de la houille, n° 280.

Liquide incolore, d'une odeur très irritante ; bout à 199 degrés. S'obtient à chaud par l'action du chlore sur l'aldéhyde benzoïque.

Il est inflammable et brûle avec une flamme fuligineuse bordée de vert. Il dissout à chaud le phosphore et le soufre. Il tombe au fond de l'eau sans se dissoudre.

Chlorure de benzyle.
Produit dérivé des produits de la distillation de la houille, n° 280.

Liquide incolore ou coloré en jaune, d'une odeur aromatique et très pénétrante. Bout à 176 degrés. C'est un liquide oléagineux qui se décompose par la chaleur en acide chlorhydrique et en une matière résineuse.

Chlorure de benzylidène.
(CHLOROBENZOL)
Produit dérivé des produits de la distillation de la houille, n° 280.

Liquide incolore ou faiblement coloré, insoluble dans l'eau et bouillant à 206 degrés. Il se produit dans l'action du chlore sur le toluène bouillant.

Ses vapeurs irritent les yeux. Il est soluble dans l'alcool.

Chlorure de calcium.

Produit chimique non dénommé autre. n°. 282.

Sel très déliquescent, saveur amère. Ses cristaux fondent rapidement à l'air en absorbant l'humidité ambiante.

Il se produit un abaissement de température assez sensible lorsqu'on jette du chlorure de calcium dans l'eau.

Le chlorure anhydre devient fluorescent quand on le soumet aux rayons solaires.

Ne pas le confondre avec le chlorure de chaux (V. ce mot). On importe le chlorure de calcium en solution sous le nom de pyroextincteur.

(V. Chlorures, caractères généraux.)

Usages : Laboratoires, industrie, médecine.

Valeur : Chimiquement pur, à 55 fr. les 100 kilos.

       Industriel, coulé, fondu, à 7 fr. 50 les 100 k.

       — en poudre, à 20 fr. les 100 kilos, par quantités de 500 kilos.

Chlorures de cuivre.

A. Photochlorure.

Produit chimique non dénommé autre, n° 282.

Ne présente pas les propriétés physiques des sels de cuivre. Il est incolore, peu soluble dans l'eau. Il est soluble dans l'ammoniaque et dans l'acide chlorhydrique.

Se conserve dans des flacons bien bouchés. Verdit à l'air. Sa solution ammoniacale devient bleue au contact de l'air.

Valeur : Pour l'industrie, 410 fr. les 100 kilos.
Pur, 8 fr. 50 le kilo.

B. BICHLORURE.

Produit chimique non dénommé autre, n° 282.

Soluble dans l'eau et dans l'alcool. Si on allume sa solution alcoolique, on remarque dans la flamme une coloration verte caractéristique. Hydraté, ce sel est d'un beau vert ; anhydre, il est brun jaunâtre.

(V. Sels de cuivre.)

Valeur : Pour l'industrie, 375 fr. les 100 kilos.
Pur, 8 fr. 50 le kilo.

Chlorures d'étain.

A. PROTOCHLORURE. *Sels d'étain, n° 255.*

Cristaux blancs, soyeux. Soluble sans se décomposer dans très peu d'eau. Si on ajoute de l'eau en excès, il se précipite de l'oxychlorure d'étain, sous forme d'une poudre blanche. Ce sel est *très vénéneux* (contrepoison : le lait.)

Usages : Médecine, impression.

B. BICHLORURE. *Sels d'étain, n° 255.*

Liqueur fumante de Libavius.

Ce liquide répand à l'air d'abondantes fumées blanches. Quand on verse un peu de ce sel dans l'eau, on

entend un bruissement particulier: Très avide d'eau.
Usages : Teinture et impression.

Chlorures de fer.

Produits chimiques non dénommés autres, n° 282.

A. PROTOCHLORURE.

Anhydre, il est en petites paillettes blanches ou jaunâtres très solubles dans l'eau et dans l'alcool. Hydraté, ce sel est en cristaux verts.

Valeur : Pour l'industrie, 50 fr. les 100 kilos.

Pur, 2 fr. le kilo.

B. PERCHLORURE.

Sel en lames violettes très déliquescentes. Sa solution aqueuse est jaunâtre ; chauffée, elle se colore en rouge.

Usages : Médecine.

Valeur : Pour l'industrie, cristallisé, 50 fr. les 100 kilos.

Pur, 80 fr. les 100 kilos.

Chlorure de magnésium, n° 265.

Sel incolore très déliquescent, très soluble dans l'eau. Saveur amère caractéristique. Quand on le chauffe, il abandonne des vapeurs d'acide chlorhydrique qu'on peut facilement caractériser en approchant du tube à dégagement un bouchon imbibé d'ammoniaque : il se forme d'abondantes fumées blanches de chlorhydrate d'ammoniaque.

Usages : Industrie, médecine.

Chlorures de mercure.

Produits chimiques non dénommés autres, n° 282.

A. Protochlorure.

Mercure doux, Calomel doux. — Insoluble dans l'eau. Ressemble au chlorure d'argent ; mais le chlorure d'argent est soluble dans l'ammoniaque, tandis que le protochlorure de mercure donne avec cet alcali un précipité noir.

C'est un sel blanc, inodore, qui doit se conserver dans des flacons colorés. Il est insoluble dans l'alcool.

Usages : Médecine.

Valeur : Sublimé, pur, à 7 fr. 50 le kilo.

Pour l'industrie, 7 fr. 20 le kilo.

B. Bichlorure.

Sublimé corrosif. — Sel blanc en petites aiguilles légèrement acides. Soluble dans l'eau, dans l'alcool et dans l'éther ; c'est ce qui le distingue du calomel doux. Coagule l'albumine et rougit le tournesol. Les alcalis donnent dans ses solutions un précipité jaune orange, et les carbonates alcalins un précipité blanc qui passe au rouge foncé aussitôt. C'est un *poison violent* (contre-poison : blanc d'œuf).

Usages : Médecine, conservation des pièces anatomiques.

Valeur : Pur, à 6 fr. 50 le kilo.

Industriel, à 6 fr. 10 le kilo.

Chlorure d'or.

Produit chimique non dénommé autre, n° 282.

C'est un sel de couleur jaune, déliquescent, très soluble dans l'eau et difficilement cristallisable. Sa solution est d'un très beau jaune. (V. Sels d'or.)

Valeur : Cristallisé jaune, 10 grammes, 19 fr. 50 ;
100 grammes, 190 francs.
Cristallisé brun, 10 grammes, 20 fr. ;
100 grammes, 195 francs. (Variable.)

Chlorure de plomb.

(PLOMB CORNÉ)

Sels de plomb. n° 255 bis.

Peu soluble dans l'eau. Il a l'aspect de la corne comme le chlorure d'argent. On ne peut cependant pas les confondre : si on verse de l'eau sur le chlorure de plomb, il finit par se dissoudre ; le chlorure d'argent, au contraire, est tout à fait insoluble.

Le chlorure de plomb est soluble dans l'acide chlorhydrique hydraté bouillant. (V. Sels de plomb.)

Chlorure de potassium, n° 265.

ORIGINE : Allemagne, Autriche.

Soluble dans l'eau, amer ; beaucoup d'analogie avec le chlorure de sodium. Légèrement rosé ou jaunâtre à l'état natif ; saveur piquante. Décrépite dans le feu. Donne avec l'azotate d'argent un précipité blanc inso-

3*

luble dans les acides et soluble dans l'ammoniaque. Traité à chaud par l'acide sulfurique, il émet des vapeurs blanches d'acide chlorhydrique. Il donne avec le chlorure de platine un précipité rouge cristallin, ce qui n'a pas lieu avec le chlorure de sodium. L'Allemagne nous fournit du chlorure de potassium en quantités considérables.

Usages : Engrais, fabrication des sels de potasse.

Chlorure de sodium, nº 251.

(SEL GEMME, SEL MARIN, SEL DE CUISINE.)

Ce sel est incolore à l'état pur. Saveur caractéristique agréable très connue. Ses cristaux ont parfois la forme de trémies. Projetés dans un foyer, ils décrépitent.

Le chlorure de sodium traité par l'acide sulfurique laisse dégager des vapeurs blanches d'acide chlorhydrique. (V. Chlorures et Sels de soude.) Voir la note 251 du tarif pour les modérations et immunités.

C'est un sel très employé dans l'industrie.

Chlorure de soufre.

Produit chimique non dénommé autre, nº 282.

Ce liquide émet des vapeurs à la température ordinaire ; son odeur est suffocante. Couleur rouge prononcée. Mis en contact avec l'eau, il se décompose et le soufre précipite. Le potassium décompose ce produit avec détonation violente. (Il faut faire cet essai avec précaution et avec peu de matières.)

L'ammoniaque donne une réaction caractéristique :
il se forme du sulfite d'ammoniaque et une partie se
volatilise en fumée violacée remarquable.

Usages : Vulcanisation du caoutchouc, médecine.

Valeur : Chlorure pour l'industrie. Prix belge, 75 fr,
les 100 kilos par quantités de 500 kilos.
Oxychlorure pour l'industrie. Prix allemand, 3 fr. 50 le k. par quantités de 25 k.
Oxychlorure pour l'industrie. Prix belge,
4 fr. 50 le kilo par quantités de 25 kilos.

Chlorure de strontium.

Produit chimique non dénommé autre, n° 282.

Solide, blanc, très déliquescent et très soluble dans
l'eau et dans l'alcool. Cristallise en aiguilles fusibles
dans leur eau de cristallisation. Sa solution alcoolique
brûle avec une belle flamme rouge.

Valeur. Chimiquement pur, 2 fr. 25 le kilo.
Pur cristallisé, 95 fr. les 100 kilos.

Chlorure de zinc.

Produit chimique non dénommé autre, n° 282.

Sel incolore très soluble dans l'eau et dans l'alcool;
Quand on le chauffe, il devient liquide à la température de 250 degrés. Pur et concentré, il détruit les matières organiques, le bois, le liège, la soie, etc.

(V. Sels de zinc.)

Usages. : Désinfectant, teinture, médecine.

Valeur : Chimiquement pur, 1 fr. le kilo (en poudre); pur fondu en plaques, 212 fr. les 100 kilos ; pour

l'industrie, en poudre, 50 fr. les 100 kilos ; liquide, à 50 degrés, pour l'industrie, 24 fr. les 100 kilos.

Chromates d'ammoniaque.

Produits chimiques non dénommés autres, n° 282.

A. CHROMATE NEUTRE.

Cristallise sous forme d'aiguilles jaune citron solubles dans l'eau.

Valeur : Pur, 10 fr. le kilo.

B. BICHROMATE.

Cristaux volumineux rouge grenat ; chauffés sur un point, ces cristaux continuent à brûler, en donnant comme résidu de l'oxyde de chrome vert.

Valeur : Pur, 2 fr. 80 le kilo,

   Pour l'industrie, 180 fr. les 100 kilos.

Chromate de plomb, n° 266.

(PLOMB ROUGE DE SIBÉRIE. JAUNE DE CHROME)

Sel insoluble d'un très beau jaune. Il est surtout utilisé en peinture. On peut facilement le préparer à l'état de précipité en versant du bichromate de potasse dans une solution d'acétate de plomb.

On le vend en poudre d'un jaune très riche et très brillant. Il est soluble dans la potasse et colore en vert l'acide chlorhydrique à froid.

Usages : Peinture, impression.

Chromates de potasse, n° 266.

A. CHROMATE.

Beaux cristaux d'un jaune clair très solubles dans

l'eau. Ce sel est déliquescent, et sa solution ramène au bleu le tournesol. Donne un très beau précipité jaune avec l'acétate de plomb. Saveur amère, désagréable,

Quand on verse de l'acide chlorhydrique à chaud dans une solution concentrée de chromate de potasse, elle passe au rouge, puis au vert brun. On peut ajouter un peu d'alcool pour accélérer la réaction.

B. Bichromate.

Très beaux cristaux d'un rouge vif, solubles dans l'eau. Donnent un précipité caractéristique avec l'acétate de plomb. Saveur métallique amère.

Usages : Teinture, piles au bichromate.

Chrome.

Produit chimique non dénommé autre, n° 282.

Métal gris très dur : il raye le verre. Densité, 6. Il est très difficile à fondre au creuset. S'oxyde au rouge sombre en se transformant en oxyde vert. Il est inaltérable à froid dans l'air, l'eau et la plupart des acides minéraux.

Usages : Fabrication des aciers damassés, bijouterie.

Valeur : Chimiquement pur, 1 fr. 25 le gramme.

Fondu, 31 fr. le kilo.

Pur, en poudre, à 95 0/0, 6 fr. 25 le kilo.

Cinchonine et ses sels.

Produits chimiques non dénommés autres, n° 282.

La cinchonine est un alcaloïde végétal congénère

de la quinine, Substance blanche cristalline, ramène au bleu le tournesol ; saveur amère. Peu soluble dans l'alcool et presque insoluble dans l'éther, ce qui la distingue de la quinine.

Valeur : 20 centimes le gramme.

Cire minérale, n° 194.

(OZOKÉRITE, CÉRÉSINE)

ORIGINE : Monts Carpathes, Mer Caspienne, Roumanie.

La cérésine brute est une matière d'une consistance cireuse, grasse au toucher, verdâtre ou brunâtre. On l'importe en blocs ayant la forme de troncs de cône pesant environ 50 kilos.

La cérésine raffinée est blanche ou d'un beau jaune. Elle présente, sauf l'odeur, tous les caractères de la cire ordinaire. On la vend moulée en pains ou en tablettes.

Usages : Bougies, cirages, enduits, matière isolante pour électricité.

Citrate de chaux, n° 263.

C'est une poudre blanche ou jaunâtre. Calciné, ce produit répand l'odeur du caramel. Le résidu de la calcination est du carbonate de chaux qui fait effervescence si on le traite par l'acide chlorhydrique.

Civette.

Autre produit brut propre à la médecine, n° 61.

ORIGINE : Indes, Afrique.

Matière résineuse, consistance pâteuse et onctueuse. Couleur brune. Odeur forte rappelant le musc. On parfume certains tabacs avec ce produit, qui est utilisé également en médecine.

Cobalt.

Produit chimique non dénommé autre, nº 282.

À l'état métallique, il est cassant, très dur, d'un blanc rougeâtre. Sa poudre est d'un gris prononcé. L'aimant attire le cobalt, mais avec moins d'énergie que le fer ou le nickel. Les acides minéraux l'attaquent à chaud pour former des sels qu'il est facile de caractériser (V. Sels de cobalt).

Valeur : Chimiquement pur : 100 grammes, 19 fr.

    En cubes, 38 fr. le kilo.

    En poudre, 40 fr. le kilo.

Cocaïne et ses sels.

Produit chimique non dénommé autre, nº 282.

La cocaïne est un alcaloïde tiré des feuilles du coca. Cristaux à 4 ou 6 faces, incolores et inodores, peu solubles dans l'eau, plus solubles dans l'alcool et l'éther. Saveur amère, réaction alcaline. La cocaïne fond sans se volatiliser à 98 degrés et se prend en masse par refroidissement. Les alcalis, le carbonate de soude, le protochlorure d'étain précipitent les solutions concentrées de ses sels.

Usages : Médecine (maladies des yeux).

Valeur : 2 fr. le gramme (variable).

Cochenille. *n° 283.*

Origine : Mexique, Java.

On la trouve dans le commerce sous la forme d'un grain allongé, convexe d'un côté, très petit, légèrement ridé à sa surface. La cochenille est d'un brun rougeâtre et sa teinture est très jolie. Elle est soluble dans l'eau, et les acides précipitent le carmin à l'état de poudre de ses solutions. Les sels de zinc et de plomb donnent avec cette solution un précipité violet. Le chlore attaque et décolore rapidement cette matière tinctoriale.

Usages ; Teinture, fabrication du carmin.

Codéine et ses sels.

Produit chimique non dénonmé autre, n° 282.

C'est un alcaloïde tiré de l'opium. Incolore, Cristaux de forme octaédrique, saveur amère ; peu soluble dans l'eau, soluble dans l'alcool et l'éther. Ramène au bleu le tournesol.

Valeur : 1 fr. 50 le gramme.

Colchicine.

Produit chimique non dénommé autre, n° 282.

C'est un alcaloïde tiré du colchique. Soluble dans l'eau, l'alcool et l'éther ; fusible à une chaleur modérée. Sous l'influence de l'acide azotique concentré, ce produit prend une coloration bleue ; cette teinte passe peu à peu au vert olive et au jaune. *C'est un poison très violent.*

Valeur : 140 fr. l'hectogramme.

Colle de poisson, n° 334.

(ICHTHYOCOLLE)

ORIGINE : Russie, Amérique.

On la vend sous forme de lamelles qui ne sont que les vessies natatoires de poissons desséchées. C'est une membrane tordue qu'on peut facilement rendre souple en la traitant par l'eau froide. Dans l'eau bouillante elle fond et se transforme en gélatine pure.

Elle est généralement incolore, inodore et insipide. On la trouve parfois colorée en jaune brun.

La loi assimile à la colle de poisson proprement dite les colles extraites des tendons de baleine et d'autres parties de poisson. On les importe généralement à l'état liquide. (V. Gélatine.)

Collodion, n° 266 quater.

C'est un liquide sirupeux que l'on conserve dans des flacons bouchés à l'émeri. Inflammable. Odeur d'éther très prononcée.

Par l'évaporation le collodion donne une pellicule mince transparente.

Voir la note 266 *quater* pour la taxe de dénaturation.

Usages : Photographie, médecine.

Conicine.

(CICUTINE, CONINE)

Produit chimique non dénommé à base d'alcool, n° 282.

Alcaloïde extrait de la grande ciguë. Liquide à la température ordinaire, très volatil.

Produit comme l'ammoniaque des vapeurs blanches à l'approche de l'acide chlorhydrique. Très altérable à l'air ; se résinifie. A l'état pur, la conicine est plus légère que l'eau. C'est un liquide oléagineux, d'une odeur désagréable et pénétrante, rappelant la ciguë. Peu soluble dans l'eau ; très soluble dans les huiles.

Poison violent. — 50 centigrammes suffisent pour donner la mort.

Valeur : 90 centimes le gramme.

Corail.

ORIGINE : Mer des Indes, mer Rouge, Méditerranée.

A l'état brut (n° 56) on l'importe sous la forme de petits rameaux de différentes longueurs. C'est une tige irrégulière qui porte des ramifications d'un très beau rouge. Ces rameaux sont dépouillés de leur croûte. Sa composition chimique est assez complexe, mais les carbonates de chaux et de magnésie y dominent.

Le corail taillé est repris au n° 629 ; le corail factice en verre est repris au n° 358.

Coton-poudre, n⁰ 583.

(PYROXYLE.)

Prohibé. Le coton-poudre a l'aspect du coton, mais il est plus rude au toucher. Insoluble dans l'eau, dans l'alcool. Soluble dans l'éther additionné d'alcool et dans une solution de soude ou de potasse à chaud. Il brûle vivement sans laisser de résidu. (Opérer sur peu de produit et surtout sur une surface plane.) C'est un produit très dangereux à manier.

Usages : Préparation du collodion, explosifs.

Créosote du goudron de bois.

Produit chimique non dénommé autre, n° 282.

Liquide incolore, huileux ; odeur forte rappelant celle de la viande fumée. Coagule les solutions d'albumine. Insoluble dans *l'*eau et soluble dans l'alcool, ainsi que dans les alcalis. La créosote du goudron de bois donne avec le perchlorure de fer neutre une coloration verte qui passe rapidement au brun. La créosote dissout le phosphore, les graisses, etc. Mêlée à l'acide sulfurique, elle devient pourpre.

Il ne s'agit ici que de la créosote importée en fûts, touries ou estagnons. A l'état de médicaments, en flacons ou en boîtes, elle rentre dans les médicaments composés (note 316).

Usages : Conservation des viandes, médecine.

Valeur de la créosote du goudron de hêtre, 5 fr. 10 le kilo.

Créosote du goudron de houille.

Produit obtenu directement par la distillation du goudron de houille. n° 280.

Liquide noirâtre, d'une composition complexe, à odeur caractéristique qui rappelle son origine. C'est un mélange de phénol et de crésylol ; saveur légèrement acide. La créosote donne une coloration bleue violacée avec le perchlorure de fer.

Usages : Conservation des bois.

Cristal de roche, n° 176 bis.

Origine : Italie, France, Madagascar; Russie d'Asie.

On rencontre le cristal de roche sous plusieurs formes de cristallisation. Le système primitif est le rhomboèdre, dont les cristaux offrent toujours des dodécaèdres à triangles isocèles.

Ces cristaux atteignent parfois un décimètre de longueur. A Madagascar et en Afrique, on en trouve qui ont 50 centimètres de longueur et sont d'une transparence parfaite. Quand ces cristaux sont incolores, on les appelle « cristal de roche ». L'améthyste est du quartz coloré en violet ; jaunâtre, on le vend sous le nom de topaze de Bohême.

Cryolithe.

A l'état naturel : Pierres et terres, servant aux arts, n° 179 ter.

A l'état artificiel : Produits chimiques non dénommés autres, n° 282.

ORIGINE. Groënland (Pays hors d'Europe). (SPATH DU GROENLAND.)

La cryolithe est un fluorure double d'alumine et de soude qu'on trouve généralement dans le Groënland occidental. Son poids spécifique est 3. C'est une belle roche à éclat vitreux, souvent blanche, mais quelquefois colorée en jaune par des traces d'oxyde de fer. On l'importe en morceaux ou en poudre. On a découvert dernièrement des dépôts de cryolithe dans les monts Ourals, aux environs de Miask.

Usages : Fabrication des émaux, savonneries (lessives alcalines).

Valeur de la cryolithe artificielle : 1 fr. 25 le kilo (à l'état pur).

Cuivre, n° 221.

Ductile et malléable. Couleur rougeâtre. S'oxyde peu à peu à l'air. Susceptible du plus beau poli. A l'air humide, ce métal se couvre de plaques de carbonate de cuivre (vert-de-gris).

L'acide azotique attaque violemment le cuivre à froid : il se dégage des vapeurs rutilantes et il se forme de l'azotate de cuivre vert. L'acide sulfurique l'attaque à chaud en donnant du sulfate de cuivre bleu ; il se dégage de l'acide sulfureux, reconnaissable à son odeur particulière suffocante.

Le cuivre donne une coloration verte à la flamme du chalumeau.

Curcuma.

ORIGINE : Indes.

En racine et en poudre, repris au n° 151.

Aspect de la racine : Elles sont longues comme le doigt, charnues, noueuses et hérissées de fibres. Elles sont assez fragiles, et leur cassure est d'un beau jaune, d'une saveur amère et d'une odeur aromatique.

Le curcuma est assez soluble dans l'alcool et dans l'éther. La poudre donne une solution d'un jaune orangé qui passe au rouge-brun quand on la traite par un alcali faible. Les acides faibles ramènent la teinte primitive.

L'extrait de curcuma (CURCUMINE) est repris aux extraits de bois de teinture autres, n° 293 : c'est une substance résineuse jaune qu'on retire de la racine de la plante en la traitant par l'alcool et l'éther. Cet extrait acquitte, en sus du droit de douane, la taxe de dénaturation.

Cyanures.

CARACTÈRES GÉNÉRAUX :

A. Le sulfate de protoxyde de fer donne un précipité blanc qui bleuit à l'air avec les cyanures. Si on ajoute une dissolution de chlore, il se forme immédiatement du bleu de Prusse. (Le cyanure de mercure seul ne donne pas cette réaction.)

B. Traités par l'acide sulfurique, les cyanures abandonnent leur acide cyanhydrique, qu'il est facile de reconnaître à son odeur d'amandes amères.

Cyanure de mercure.

Produit chimique non dénommé autre, n° 282.

Sel blanc, inodore, soluble dans l'eau. Peu soluble dans l'alcool. Décomposable par la chaleur en mercure et en cyanogène. Il est attaqué par les acides minéraux énergiques. *Poison violent.*

Usages : Laboratoire, médecine.

Valeur : 17 fr. 50 le kilo.

Cyanure de potassium.

Produit chimique non dénommé autre, n° 282.

Ce sel cristallise en cubes. Exposé à l'air, il dégage une légère odeur d'amandes amères. Soluble dans l'eau. Peu soluble dans l'alcool. Quand on veut convertir de l'oxyde de cuivre en cuivre métallique, il suffit de fondre dans un creuset un mélange de cyanure de potassium et d'oxyde de cuivre. La réduction se fait avec incandescence. (V. Cyanures, caractères généraux.)

C'est un sel très vénéneux.

Usages : Industrie, médecine, laboratoires.

Valeur : Chimiquement pur, 21 fr. le kilo.

> Fondu à 98 0/0, 250 fr. les 100 k.
> Fondu à 60 0/0, 200 fr. les 100 k.
> Fondu à 45 0/0, 160 fr. les 100 k.

Dextrine, n° 319 ter.

(GOMMELINE)

La dextrine est une fécule rendue soluble par la chaleur et par les acides. Elle est de couleur jaunâtre, brune ou blanche, selon le mode de fabrication. Elle est soluble dans l'eau, à chaud ou à froid. En solution dans l'eau, elle forme une sorte de sirop qui remplace la gomme arabique. On ne peut la confondre avec l'amidon, car elle ne bleuit pas par l'iode et elle se distingue du glucose en ce qu'elle est incristallisable et insoluble dans l'alcool concentré. Le glucose, d'ailleurs, a une saveur sucrée.

Usages : Apprêt pour tissus, tissage des fils, médecine.

Diastase.

(MALTINE)

Produit chimique non dénommé à base d'alcool, n° 282.

Se retire de l'orge germée. Possède la propriété de transformer l'admidon en dextrine et en maltose. C'est une poudre blanche soluble dans l'eau, insoluble dans l'alcool anhydre, sans saveur spéciale. L'activité de la diastase se manifeste vers 30 degrés, mais à 70 elle est très intense. Les acides entravent son action de conversion sur l'amidon.

Valeur : 60 fr. le kilo.

Digitaline.

Produit chimique non dénommé à base d'alcool, n° 282.

S'extrait de la digitale. Amorphe ; insoluble dans l'eau ; couleur blanche. *Poison très violent.* L'acide chlorhydrique concentré donne à la digitaline une couleur d'un beau vert émeraude. Cette réaction est caractéristique.

Valeur : Amorphe, 3 fr. 50 le gramme.

Cristallisée, 25 fr. le gramme.

Diphénylamine.

Produit dérivé de la distillation de la houille, n° 280.

(PHÉNYLANILINE)

Gros cristaux fusibles à 54 degrés. Odeur de rose. Excite la toux. Insoluble dans l'eau, soluble dans l'alcool, l'éther, la benzine. Forme des sels avec les acides. Appliquée sur la peau, elle produit une sensation de cuisson. L'acide azotique l'attaque à l'ébullition et la transforme en un produit qui a la propriété caractéristique de donner une coloration bleu foncé avec les acides sulfurique ou chlorhydrique.

Eau de cuivre.

Produit chimique non dénommé autre, n° 282.

L'eau de cuivre est une dissolution d'acide oxalique (V. ces mots) ou de sel d'oseille (V. ce mot), qu'on emploie pour le nettoyage des objets en cuivre.

Valeur : Le litre, 40 centimes.

Eau régale.

Produit chimique non dénommé autre, n° 282.

C'est un mélange d'acide azotique et d'acide chlorhydrique. On lui donne ce nom parce qu'elle a la propriété de dissoudre l'or.

C'est un liquide rougeâtre qui dissout les métaux précieux. On peut faire l'expérience à chaud dans un tube à essai avec une mince feuille d'or. C'est un oxydant énergique.

Valeur : Variable.

Emeris, n° 178 bis.

Origine : Amérique, Asie, Grèce.

L'émeri est une substance pierreuse très dure, grise, violacée ou rougeâtre, parsemée de points brillants de mica. Sa densité est 4. L'émeri n'est pas un minerai de fer ; c'est une variété de corindon. Il est inattaquable par les acides minéraux et il peut rayer le verre facilement.

On réduit l'émeri en poudre dans des cylindres en acier.

Les émeris d'origine extra-européenne pulvérisés dans un pays d'Europe sont considérés comme originaires du pays où ils ont été pulvérisés.

L'émeri brut en roches suit le régime des pierres et terres servant aux arts, n° 179 *ter*.

Usages : Polissage des métaux et des glaces.

Emétine et ses sels.

Produits chimiques non dénommés à base d'alcool, n° 282.

Alcaloïde extrait de l'ipécacuanha. *Poison violent.* Quelques décigrammes suffisent pour occasionner la mort.

Poudre blanche, légèrement jaunâtre. Ramène au bleu le tournesol. Peu soluble dans l'eau. Soluble dans l'alcool. Fond à 50 degrés.

Valeur : Brune, 45 francs l'hecto.

Blanche, pure, 420 francs l'hecto.

Essence d'amandes amères artificielle.

(ALDÉHYDE BENZOÏQUE, HYDRURE DE BENZOYLE)

Produit dérivé des produits de la distillation de la houille, n° 280.

C'est le produit obtenu par l'action d'un lait de chaux sur le chlorure de benzylidène.

Liquide incolore ou légèrement jaunâtre, bouillant vers 179 degrés. Odeur agréable, rappelant l'essence naturelle d'amandes amères. (L'essence préparée avec les amandes amères suit le régime des essences autres.)

Essences artificielles.

Produits chimiques non dénommés à base d'alcool, n° 282.

Ce sont des dissolutions alcooliques de différents éthers aromatiques qui ont, selon leur composition, l'odeur de la fraise, de l'ananas, de la pomme, du cognac, du rhum, etc.

Les essences artificielles acquittent le droit de douane (tarif général) de l'alcool à raison d'un litre d'alcool par kilo d'essence. La taxe de. dénaturation est applicable sur la même base aux essences artificielles dans lesquelles l'alcool a été employé comme dissolvant et n'existe plus à l'état de simple mélange.

Les solutions alcooliques d'essences artificielles retenant de l'alcool à l'état de simple mélange acquittent le droit de douane (tarif général) et la taxe de consommation de l'alcool sur la proportion de l'alcool qu'elles sont reconnues renfermer.

Dans le cas où le droit de douane de l'alcool serait inférieur au droit *ad valorem,* il devrait être fait application de cette dernière taxe.

Laboratoire. Toutes les essences artificielles doivent être envoyées au laboratoire. (Echantillon nécessaire : 15 centilitres.)

Essences et huiles de houille.

Produits obtenus directement par la distillation du goudron de houille, n° 280.

L'essence de houille est fluide et colorée en jaune.

La benzine et le toluène se retirent par distillation de cette essence. Il ne faut pas confondre les huiles minérales de lignites, de schistes, de boghead avec les huiles de houille. (V. notes 197 et 198.)

Les huiles de houille impures conservent l'odeur spéciale et caractéristique du goudron dont elles proviennent.

Le densimètre permet facilement de reconnaître les huiles et les essences.

L'essence de houille pèse de 810 à 860 degrés, tandis que l'essence de pétrole ne marque que 700 degrés. De même la densité des huiles lourdes de houille atteint au moins 1000 degrés, tandis que les huiles minérales lourdes de pétrole dépassent rarement 920 degrés.

D'un autre côté, les dérivés du pétrole ou des schistes possèdent leur odeur particulière d'origine, qui ne peut être confondue avec celle des sous-produits du goudron de houille.

Essence de térébenthine, n° 116.

Liquide incolore ou légèrement jaunâtre, d'une saveur brûlante. Odeur caractéristique. Brûle avec flamme fuligineuse. Rougit le tournesol. Insoluble dans l'eau, soluble dans l'alcool et dans l'éther. Quand on jette de l'iode dans l'essence de térébenthine, la réaction est très vive. Il peut se produire une explosion. (Opérer avec précaution et sur une faible quantité.)

Usages : Vernis, couleurs, dissolvant.

Etain, n° 223.

ORIGINE : Angleterre, Allemagne.

Le meilleur métal connu sous le nom de *Banca* vient de la presqu'île de Malacca (Indes).

C'est un métal mou, très blanc et très brillant à l'état poli. Peut se laminer facilement. Très fusible à l'état de feuilles : on peut fondre une feuille d'étain à la chaleur d'une allumette.

Quand on plie une tige de ce métal, on entend un *cri* caractéristique. Il s'oxyde peu à l'air dans les conditions atmosphériques normales. Quand on verse de l'acide azotique concentré sur de l'étain en grenailles, le métal n'est pas attaqué ; mais si on ajoute de l'eau peu à peu, il se dégage des vapeurs rutilantes et il se forme de l'acide stannique qui précipite en poudre blanche.

Usages : Alliages, poteries, feuilles d'étain pour confiseries.

Ether acétique, n° 266 bis.

(ACÉTATE D'ÉTHYLE)

Liquide incolore. Odeur douce et agréable. Brûle avec une flamme jaune. Soluble dans sept parties d'eau. (Voir la note 266 *bis* pour taxe de dénaturation.)

Soluble dans l'alcool et dans l'éther.

L'acide sulfurique concentré le transforme à chaud en oxyde d'éthyle et en acide acétique.

Ethers azotiques.

*Produits chimiques non dénommés à base
d'alcool, n° 282.*

A. Ether nitreux.

Liquide jaunâtre, d'une odeur forte qui rappelle
celle de la pomme reinette. Bout à 21 degrés.

Liquide d'une odeur suave, saveur sucrée; plus

B. Ether nitrique.

lourd que l'eau. Insoluble. Bout à 85 degrés.

Pour l'éther nitrique, la taxe de dénaturation et,
s'il y a lieu, le droit de douane doivent être calculés à
raison de 2 litres d'alcool par kilo de liquide.

Valeur : Ether nitreux, 5 fr. le kilo.

Ether nitrique pur, 37 fr. le kilo.

— alcoolisé, 250 fr. les 100 kilos.

Ether butyrique.

(BUTYRATE D'ÉTHYLE)

Produit chimique non dénommé à base d'alcool, n° 282.

Liquide incolore, très inflammable, peu soluble
dans l'eau, très soluble dans l'alcool et l'esprit de
bois. Odeur particulière d'ananas.

Valeur : Absolu, pur, 425 fr. les 100 kilos.

Concentré ordinaire, 225 fr. les 100 kilos.

Ether chlorhydrique

(CHLORURE D'ÉTHYLE)

Produit chimique non dénommé à base d'alcool, n° 282.

Liquide incolore. Odeur assez forte. Saveur alliacée.

Bout à 12 degrés. Brûle avec une flamme verte dans l'air et répand des vapeurs d'acide chlorhydrique. Peu soluble dans l'eau.

Valeur : 260 fr. les 100 kilos.

Ether chlorhydrique chloré.

(CHLORURE D'ÉTHYLE CHLORÉ)

Produit chimique non dénommé à base d'alcool, n° 282.

Liquide incolore très limpide, plus lourd que l'eau. Bout à 64 degrés. Insoluble dans l'eau. Soluble dans l'alcool en toutes proportions ; il a une odeur qui rappelle la « liqueur des Hollandais ».

Valeur : 25 fr. le kilo.

Ether ordinaire n° 266 bis.

(ÉTHER SULFURIQUE, OXYDE D'ÉTHYLE)

Liquide incolore très volatil, odeur forte, agréable. Saveur brûlante. Très inflammable : brûle avec flamme plus éclairante que celle de l'alcool. Peu soluble dans l'eau. Soluble dans l'alcool.

L'iode, le brome, les essences et les corps gras se dissolvent facilement dans l'éther. Quand on verse un peu d'éther sur la main, on éprouve l'impression de froid par l'évaporation.

L'éther pur, sans mélange d'alcool, marque 65 au pèse-éther. Si le titrage est inférieur, c'est qu'il y a mélange d'alcool. Dans ce cas, le laboratoire est à consulter.

Voir la note 266 *bis* pour la taxe intérieure.

Euphorbe.

Autres produits résineux exotiques, n° 115 quater.

ORIGINE : Afrique.

C'est une gomme-résine exotique qu'on importe en larmes roussâtres à l'extérieur et blanchâtres à l'intérieur. Elle est friable et n'a presque pas d'odeur ; mais elle excite l'organe de l'odorat. Sa saveur est caustique. *C'est un poison.*

Farines.

Farine non falsifiée. — Blanc jaunâtre uniforme, douce au toucher ; comprimée dans la main, se met momentanément en masse ; saveur ni amère, ni âcre, ni acide. Forme avec l'eau une pâte très plastique.

Aspect du gluten.—Faire avec 30 gr. de farine et 15 gr. d'eau une pâte que l'on place dans un tissu à mailles ouvertes. Pétrir la pâte avec les doigts sous un filet d'eau jusqu'à ce que cette eau devienne claire, ce qui indique que l'amidon est enlevé. Enlever et sécher le gluten ; la quantité varie entre 9 et 17 0/0. Par la dessiccation le gluten doit se feuilleter et prendre un aspect cassant. Les mélanges de farines donnent un gluten qui ne s'étale pas facilement sur les surfaces.

Mélange de maïs et de riz. — L'amidon de ces céréales est polyédrique. La farine de maïs traitée par une solution étendue de potasse prend une coloration jaunâtre.

Mélange de seigle. — Au microscope l'amidon de seigle est marqué au centre de ses grains d'une étoile noire à trois ou quatre rayons. De plus, le gluten est gluant, visqueux, noirâtre, et adhère fortement aux doigts.

Mélange de légumineuses. — Le gluten n'a plus d'élasticité ; il se divise et peut passer au tamis. Au microscope l'amidon des légumineuses se présente cylindrique, ovoïde et aplati.

Mélange de sarrasin. — Gluten gris ou noir. La farine contient des points noirs dus à des fragments d'écorce de sarrasin.

Mélange de matières minérales. — L'incinération donne des cendres dans lesquelles on retrouve des os calcinés, du sable, de la craie, de l'alun, du sulfate de cuivre.

On met 5 grammes de la farine suspecte dans un long tube à essai avec 90 gr. de chloroforme. Après agitation on laisse reposer : la farine pure monte à la surface et les matières minérales déposent.

Fécules, n° 319.

Quand on chauffe une fécule avec de l'eau, elle se transforme en empois qui prend une coloration d'un beau bleu quand on y ajoute de l'iode.

Chauffées avec de l'eau acidulée par l'acide sulfurique, les fécules se transforment en dextrine, puis en glucose.

Usages : Fabrication du glucose, impression, papiers, tapioca et pâtes alimentaires.

Fer.

Définition. — On traite comme fer le métal qui ne prend pas la trempe (loi du 11 janvier 1892), p. 453 des notes.

Après l'opération de la trempe, le fer plie sans se casser et se laisse entamer par la lime.

Ferricyanure de potassium, n° 279.

(CYANOFERRIDE DE POTASSIUM, PRUSSIATE ROUGE
DE POTASSE)

On l'obtient en attaquant le prussiate jaune par le chlore. Cristaux volumineux d'un rouge grenat, très solubles dans l'eau chaude qu'ils colorent en\jaune orangé. L'acide chlorhydrique décompose ces solutions.

Traitée par un sel de protoxyde de fer, la solution de prussiate rouge donne un précipité bleu. Les sels de peroxyde de fer donnent une liqueur rouge, et celle-ci tache en bleu une lame de fer.

Le ferricyanure de sodium, qui est en prismes déliquescents d'un beau rouge, est assimilé au prussiate rouge de potasse.

Usages : Teinture (bleu de Prusse).

Ferrocyanure de potassium, n° 279.

(CYANOFERRURE DE POTASSIUM, PRUSSIATE JAUNE
DE POTASSE)

Sel jaune soluble dans l'eau. Insoluble dans l'alcool. Se décompose facilement par la calcination.

Quand on verse quelques gouttes d'une solution de prussiate jaune dans une dissolution même, très étendue d'un sel de cuivre, il se forme un précipité rouge-brun très caractéristique.

Le ferrocyanure donne un précipité de bleu de Prusse avec les sels de peroxyde de fer.

Les cristaux du prussiate jaune sont flexibles, transparents, à éclat vitreux. Le ferrocyanure de sodium est assimilé à ce sel ; il est d'un beau jaune clair.

Usages : Teinture, laboratoires.

Fluorhydrate d'ammoniaque.

Sels ammoniacaux autres, n° 252.

Cristaux prismatiques incolores, fusibles, très volatils ; attaque le verre même à froid et à sec. On l'utilise pour la gravure sur verre. En solution, il abandonne peu à peu son ammoniaque et se transforme en fluorhydrate de fluorure d'ammonium.

Fluorures.

Caractères généraux :

A. Chauffés dans une capsule de platine avec de l'acide sulfurique concentré, ils dégagent des vapeurs d'acide fluorhydrique qui attaquent le verre.

B. Chauffés avec de la silice et de l'acide sulfurique concentré, ils donnent du fluorure de silicium, décomposable par l'eau, avec formation de silice gélatineuse.

C. L'azotate d'argent ne précipite pas les fluorures solubles, ce qui les distingue des chlorures, bromures et iodures.

D. Le chlorure de baryum donne un précipité avec les fluorures.

Fluorure de calcium.

(SPATH FLUOR, FLUORITE, CHAUX FLUATÉE)

Le fluorure de calcium natif suit le régime des pierres et terres servant aux arts, n° 179 *ter*.

ORIGINE : Allemagne, Russie.

On rencontre dans la nature le spath fluor cristallisé en cubes ou en masses lamelleuses. Sa densité est 3.15. Quand on le traite à chaud par l'acide sulfurique, il émet des vapeurs blanches d'acide fluorhydrique qui attaquent le verre. La chaux fluatée est parfois colorée en bleu ou en vert et on en fait des objets d'ornement.

Usages : Métallurgie, ornementation.

Le FLUORURE DE CALCIUM ARTIFICIEL suit le régime des produits chimiques non dénommés autres, n° 282. Il est employé dans la fabrication de l'acide fluorhydrique pour la gravure sur verre. C'est une poudre blanche insoluble dans l'eau. Elle devient fluorescente sous l'action de la chaleur.

Valeur : 145 fr. les 100 kil.

Fulminate de mercure.

(MERCURE FULMINANT)

Produit chimique non dénommé à base d'alcool, n° 282.

Produit cristallisé. Goût métallique douceâtre ; peu soluble dans l'eau froide. Se décompose spontanément sous le choc d'un marteau (opérer avec peu de matières). Il doit être manié avec beaucoup de précautions. Ce produit est, en principe, frappé de prohibition. Doit faire l'objet d'une autorisation du Département de la guerre.

Valeur donnée par le Gouvernement.

Fustet.

Le bois de fustet et sa racine sont repris aux bois de teinture, n° 140.

Les écorces, feuilles et brindilles sont reprises au n° 155.

ORIGINE : Antilles, Europe méridionale.

La tige du fustet est rameuse, lisse ; feuilles ovales, simples, à nervures jaunes saillantes. Calice et corolle à 5 divisions, 5 étamines. Fruit à noyau monosperme.

On le vend parfois dépouillé de son écorce, en petites baguettes d'un très beau jaune. Sa décoction alcoolique est jaune orangé ; les alcalis la font passer au rouge.

Usages : Tannage, teinture.

Garance, n° 150.

(ALIZARI, nom de la racine.)

ORIGINE : Russie, Algérie, France, Indes.

Les garances en poudre n'ont pas toujours le même aspect. Il y a des garances jaunes et des poudres rosées. La garance d'Alsace est toujours jaune.

On l'importe peu en racines vertes. Les racines sèches ont le diamètre d'une plume à écrire ; elles ont une cassure d'un jaune rouge. La matière colorante de la garance est inattaquable par l'acide sulfurique même concentré ; elle se dissout assez facilement dans l'eau légèrement ammoniacale qui se colore en violet.

Gaude.

Repris aux autres racines, n° 157.

ORIGINE : Europe.

La gaude est une plante tinctoriale qui atteint en culture un mètre de hauteur. Ses fleurs, d'un vert jaunâtre, sont serrées en épis, et les feuilles, lisses et étroites, sont alternes sur la tige. On l'importe en bottes séchées. On tire de cette plante une matière colorante d'un beau jaune. Les acides minéraux rendent les décoctions de gaude plus foncées.

L'acétate de plomb donne un précipité d'un très beau jaune dans les solutions de cette plante.

Usages : Teinture.

Gélatine, n° *326.*

Incolore et transparente. Se présente le plus souvent à l'état de lamelles ondulées. Se dissout assez facilement dans l'eau chaude. Insoluble dans l'alcool. Quand on verse une dissolution de noix de galle ou de tanin dans une solution de gélatine, elle se coagule et forme un composé imputrescible.

A l'état impur elle prend le nom de COLLE-FORTE, n° 325. Sa couleur varie du jaune clair au rouge-brun.

Note. On a cherché à introduire sous le nom de gélatine de la colle de poisson (V. ces mots). On peut facilement déceler cette fraude : on fait dissoudre 5 grammes d'acide tartrique dans 100 grammes d'eau ; un fragment de colle de poisson est soluble dans cette solution, tandis que la gélatine est insoluble.

Gingembre.
Racines médicinales autres, n° 126.

ORIGINE : Indes, Antilles, Jamaïque.

A. *Gingembre gris.*—C'est une série de tubercules de la grosseur du doigt qu'on peut facilement séparer par la rupture aux entre-nœuds. Cette racine est d'un gris sale ; l'écorce est parfois rouge et l'intérieur blanchâtre. Son odeur est aromatique et sa saveur est poivrée.

B. *Gingembre blanc.* — Cette variété de gingembre est plus frêle, sans anneaux. Son écorce est blanchâtre, elle est ridée longitudinalement. Son odeur est aromatique, mais sa saveur est moins poivrée que le gingembre gris.

Usages : Médecine.

Glucose.

(GLYCOSE, SUCRE DE FÉCULE)

Régime des Sirops, n° 93.

Sucre généralement présenté à l'état solide. Blanc, légèrement jaunâtre dans la masse. Saveur sucrée agréable. Petits cristaux mamelonnés. Soluble dans l'eau. Par la calcination se transforme facilement en caramel ; si on pousse plus loin l'expérience, il y a décomposition et résidu de charbon.

Quand on ajoute à une solution de potasse caustique un peu de glucose et du sulfate de cuivre, on obtient une liqueur bleue qui donne un précipité rouge d'oxydule de cuivre, si on chauffe (réaction caractéristique).

Usages : Fabrication de la bière, sirops, fruits confits, pain d'épice, etc.

Glycérine, n° 267.

Liquide incolore, sirupeux, d'une saveur sucrée agréable. Inodore. Soluble dans l'eau et dans l'alcool.

Quand on chauffe la glycérine dans une coupelle au bec Bunsen, elle se décompose en donnant naissance à un liquide volatil d'une odeur désagréable qui affecte les yeux.

Elle dissout le soufre, l'iode, le sucre.

La glycérine parfumée suit le régime des parfumeries (V. note 311).

Usages : Médecine, filage de la laine, parfumerie, fabrication de la nitroglycérine.

Gomme adragante.

Gommes exotiques, nº 114.

Origine : Ile de Candie, Perse.

On la livre dans le commerce sous forme de fils entortillés, tantôt blanchâtres ou tantôt d'un beau jaune rougeâtre. C'est une gomme qu'on ne peut facilement réduire en poudre. Elle se gonfle sous l'eau en formant un épais mucilage. Elle renferme de l'amidon qu'on peut caractériser en chauffant avec de l'eau un peu de cette gomme jusqu'à consistance de l'empois. Si on verse alors un peu de teinture d'iode, il se forme une coloration bleue.

Gomme arabique.

Gommes exotiques, nº 114.

Origine : Afrique, Asie.

On l'importe sous forme de petites masses arrondies d'un côté et creuses de l'autre. Elle est souvent transparente ; mais on la trouve parfois colorée en rouge clair.

Mouillée, la gomme arabique rougit le papier bleu de tournesol.

Elle est soluble dans l'eau. Sa saveur est agréable.

Gomme-gutte.

Résineux exotiques, n° 115 quater.

ORIGINE : Ceylan, Cambodge.

On importe la gomme-gutte en masses cylindriques, fragiles et opaques, d'un jaune rougeâtre. Sa saveur est très amère. Fondue, elle devient transparente par le refroidissement et prend une belle couleur.

Elle peut s'électriser par le frottement sur un morceau de drap.

Le chlore décolore la gomme-gutte.

Gomme laque.

Résineux exotiques, n° 115 quater.

ORIGINE : Indes.

A. *Laque en bâtons.* — Elle est encore adhérente aux branches de l'arbre dont elle provient ; elle est d'un beau rouge foncé.

B. *Laque en grains.* — C'est la laque en bâton, brisée.

C. *Laque en feuilles, en écailles.* — C'est la gomme laque épurée par fusion. Aspect vitreux. Légèrement colorée en jaune foncé. Elle est entièrement soluble dans l'alcool absolu, l'acide chlorhydrique et l'acide acétique.

Usages : Cire à cacheter, vernis.

Graines de coton.

Graines oléagineuses, n° 88.

ORIGINE : Afrique, Asie.

Les graines de coton sont enfermées généralement dans une gousse, et cette gousse est surmontée d'une aigrette de coton qui remplit complètement la coque. Les graines sont mélangées au coton, et il faut briser cette coque pour les extraire. Ces graines sont noirâtres, très dures et très soyeuses. Elles donnent de l'huile employée à l'éclairage dans les pays où l'on cultive le cotonnier.

Graines de croton.

Graines oléagineuses, n° 88.

ORIGINE : Indes, Amérique.

Le fruit du croton est une capsule tricoque qui contient trois graines jaunâtres d'une saveur âcre et brûlante. Elles servent à l'extraction de l'huile de croton. Le croton est un poison. L'huile est parfois administrée à petite dose comme purgatif. Il existe plusieurs variétés de crotons.

Guano, n° 39.

ORIGINE : Chili, Australie, Afrique.

C'est un produit complexe qui renferme des carbonates de chaux et de magnésie, des phosphates et des sels ammoniacaux. Le guano a une couleur brune et une odeur forte caractéristique. Il noircit par la calcination et émet des vapeurs ammoniacales qu'on peut caractériser en présentant un bouchon imbibé d'acide chlorhydrique : il se forme aussitôt des vapeurs blanches abondantes. L'acide azotique dissout le guano à froid avec effervescence.

(Voir la note 281 *bis* pour le guano dénaturé.)

Gutta-percha, n° 119.

ORIGINE : Malacca, îles Malaises.

Se vend dans le commerce sous forme d'une masse brunâtre difforme. Insoluble dans l'eau. Se ramollit très facilement dans l'eau chaude et peut alors se pétrir pour prendre des empreintes (galvanoplastie). Elle devient très rigide par le refroidissement. Soluble dans la benzine, le sulfure de carbone et l'essence de térébenthine. Elle brûle avec une flamme fuligineuse.

On l'importe parfois en bandelettes d'un blanc rosé.

Usages : Electricité, galvanoplastie; fils conducteurs, flacons pour liquides corrosifs.

Huile d'alizarine.

(SULFORICINATES DE SOUDE OU D'AMMONIAQUE)

Produit chimique non dénommé autre, n° 282.

L'huile de ricin forme avec l'acide sulfurique un acide sulforicinique. Cet acide forme avec la soude, la potasse, l'ammoniaque, des sulforicinates employés par l'industrie. Ils forment émulsion avec l'eau.

On a essayé d'introduire des sulforicinates mélangés avec de l'huile minérale lourde. La saveur du produit décèle généralement la fraude, l'huile minérale ayant une saveur de pétrole caractéristique. D'un autre côté, un torchon de papier imbibé de ce mélange brûle avec une flamme fuligineuse qui rappelle le pétrole et ses nombreux dérivés. On a parfois déclaré ces mélanges comme *parements*.

Avant de prélever les échantillons pour le laboratoire, il faut faire rouler les fûts ou agiter le liquide avec une spatule.

Valeur : très variable, suivant pureté.

Huiles fixes, n° 110.

DÉFINITION : Elles sont généralement visqueuses et ont une saveur douce très faible. Elles sont presque inodores.

Pour essayer une huile fixe, on peut opérer dans un verre de montre dans lequel on chauffe quelques centimètres cubes de l'huile à analyser. Si on a affaire à une huile *volatile*, elle s'évapore rapidement; les huiles *fixes*, au contraire, poussées à l'ébullition diminuent peu.

On peut encore essayer par la saponification. A cet effet on chauffe dans une capsule en porcelaine un peu d'huile dans laquelle on ajoute de la potasse.

ou de la soude en solution ; s'il se forme un savon, c'est que l'huile est fixe.

Les huiles fixes sont plus légères que l'eau ; elles sont solubles dans l'alcool et l'éther et sont souvent liquides à la température ordinaire (sauf l'hiver).

En les dégustant, on arrive facilement à les distinguer.

***Huiles volatiles ou essences naturelles*, n° 112.**

Elles sont très odorantes, très volatiles et brûlent facilement à l'approche d'une allumette.

Quand on verse dans une huile volatile un mélange d'acide azotique et d'acide sulfurique, l'attaque est violente. Il faut faire l'expérience sur une petite quantité.

Ces huiles ne sont pas saponifiables (V. Huiles fixes).

Une huile volatile pure laisse sur le papier buvard une tache qui disparaît complètement par la chaleur.

Usages : Parfumerie, médecine.

Hydroquinone.

Produit dérivé des produits de la distillation de la houille, n° 280.

Poudre cristalline blanche, inodore, saveur douce, peu soluble dans l'eau froide. Soluble dans l'eau bouillante, dans l'alcool et dans l'éther ; fond à 169 degrés. Chauffée brusquement, elle se décompose.

(La solution aqueuse d'hydroquinone, de potasse, de sulfite de soude et de bromure de potassium qui sert en photographie, suit le régime de l'hydroquinone. Si le bromure de potassium rentrait dans le mélange dans la proportion de 10 0/0 ou plus, on appliquerait au bromure le droit y afférent.)

L'acide azotique concentré transforme l'hydroquinone en acide oxalique.

Usages : Photographie.

Hyposulfites .

CARACTÈRES GÉNÉRAUX :

A. Solubles dans l'eau.

B. Le chlorure de baryum donne un précipité dans les hyposulfites qui disparaît quand on ajoute un peu d'acide minéral.

C. L'acide sulfurique décompose à froid les hyposulfites en donnant un dégagement d'acide sulfureux et un dépôt de soufre.

D. Les hyposulfites alcalins donnent dans l'azotate d'argent un précipité blanc qui jaunit à la lumière et qui se transforme peu à peu en sulfure d'argent noir.

Indigo, nº 286.

ORIGINE : Indes, Amérique centrale, Afrique.

Matière colorante solide, insoluble dans l'eau et dans l'alcool. Quand on jette de l'indigo sur une plaque de fer chauffée, la matière se sublime en belles vapeurs, odorantes, violettes, caractéristiques.

L'acide azotique détruit l'indigo en le ramenant au jaune.

Quand on chauffe une solution d'indigo avec la potasse caustique, il y a décoloration, et la dissolution prend une teinte jaune ambré.

Usages : Teinture et impression.

Iode, n° 235.

Solide, d'un gris d'acier. Aspect métallique. Quand on chauffe quelques pincées d'iode dans un ballon en verre, le produit se sublime en vapeurs violettes. Très soluble dans l'alcool et dans l'éther. Colore en jaune les matières organiques. Colore en bleu l'empois d'amidon.

Le Chili expédie beaucoup d'iode brut.

Usages : Médecine (teinture d'iode).

Iodoforme, n° 236.

Paillettes nacrées, douces au toucher, d'un jaune de soufre ; odeur très forte. Insoluble dans l'eau. Soluble dans l'alcool et les huiles essentielles.

(L'iodoforme doit acquitter la taxe de consommation de l'alcool d'après la base de 2 litres 25 d'alcool par kilo de produit.)

L'acide picrique a le même aspect que l'iodoforme ; mais on les distingue facilement : l'acide picrique est inodore et il colore en jaune l'eau, même à froid.

Usages : Médecine.

Iodures.

Caractères généraux :

A. Les iodures alcalins sont solubles dans l'eau.

B. En solution, les iodures alcalins donnent avec l'azotate d'argent un précipité blanc jaunâtre insoluble dans l'ammoniaque. Cet alcali ne fait que blanchir le précipité (c'est ce qui distingue les iodures des bromures et des chlorures).

C. Les iodures alcalins donnent avec les sels solubles de plomb un précipité d'un très beau jaune (iodure de plomb).

Iodure de cadmium, n° 236.

Blanc nacré, très brillant ; inaltérable à l'air. Très soluble dans l'eau et dans l'acool. Cristallise en lames hexagonales.

L'acide sulfhydrique donne un précipité jaune caractéristique dans les sels de cadmium.

Iodure d'éthyle, n° 236.

(Éther iodhydrique)

Liquide incolore. Odeur éthérée très forte. Plus lourd que l'eau. Projeté sur la plaque d'un foyer, cet éther émet des vapeurs violettes d'iode sans prendre feu. Il se colore rapidement à la lumière.

La fabrication de cet éther exige l'emploi de l'alcool dans la proportion de 1 litre par kilo du produit.

Iodure de fer, nº 236.

Sel déliquescent altérable à l'air, très soluble dans l'eau. Anhydre, l'iodure ferreux est pulvérulent et blanc ; mais s'il contient des traces d'eau, il est cristallisé et verdâtre. Il perd son iode par la calcination.

Iodures de mercure, nº 236.

A. *Protoiodure.* — Poudre d'un jaune verdâtre noircissant à la lumière et devenant rouge par la chaleur. Insoluble dans l'eau et dans l'alcool. Poison.

B. *Biiodure.* — Sel dimorphe. Il se présente en octaèdres rouges ou en prismes jaunes ; il est inodore, soluble dans l'alcool et dans l'éther. Poison.

Iodure de plomb, nº 236.

Poudre d'un jaune d'or ou lamelles hexagonales nacrées. Inodore, insipide. Soumis à la chaleur, il fond et donne un liquide rouge. Insoluble dans l'eau.

Iodure de potassium, nº 236.

Cristallise en cubes transparents, très déliquescents et très solubles dans l'eau. Donne un précipité d'un très beau jaune dans les sels solubles de plomb.

Quand on verse un peu d'acide azotique dans une solution faible et chaude de ce sel et qu'on y ajoute de l'amidon, il se produit une coloration bleue caractéristique.

Lorsqu'on traite l'iodure de potassium par l'acide sulfurique, l'iode se dégage et se sublime en vapeurs violettes.

Usages : Médecine, photographie.

Jais, n° 195.

(AMBRE NOIR)

ORIGINE : Espagne.

C'est un charbon minéral d'un très beau noir, à cassure vitreuse. Il est très dur et très brillant. Chauffé, il répand une odeur d'asphalte, fond et brûle avec une flamme claire. Le jais se polit et se travaille facilement.

Il ne s'agit ici que du jais brut. Le jais ouvré est taxé comme bimbeloterie. (V. Répertoire.)

Jalap.

Racines médicales autres, n° 126.

ORIGINE : Amérique.

On importe ces racines sous plusieurs formes ; mais généralement le jalap a l'aspect de grosses racines ovoïdes charnues et résineuses. On les vend à l'état sec et les tubercules sont noirâtres ; ils brûlent facilement, car ils sont très résineux. L'odeur des racines de jalap est nauséabonde et leur saveur est irritante ; ces tubercules sont très denses.

Usages : Extraction de la résine de jalap. (V. ces mots.)

Jalapine.

(SCAMMONINE)

Produit chimique non dénommé à base d'alcool, n° 282.

S'extrait de la racine de jalap ou de la résine de scammonée. Solide à la température ordinaire ; amorphe, incolore ou transparente ; se ramollit à la chaleur. Brûle avec flamme fuligineuse. Peu soluble dans l'eau. Soluble dans l'alcool et l'éther.

Valeur : Chimiquement pure, 60 fr. le kilo.

Ordinaire, 24 fr. le kilo.

Jaspe.

Assimilé aux marbres, n° 175.

ORIGINE : Italie, Allemagne, Asie.

C'est une variété de quartz reconnaissable à sa complète opacité. Le jaspe est généralement coloré par des oxydes métalliques ou des silicates.

On connaît des jaspes jaunes, verts, rouges. La pierre de touche est un jaspe coloré par du charbon qu'on rencontre surtout en Lydie (Asie Mineure). Quand la pierre de touche est polie à sa surface, elle fait l'office d'une lime sur laquelle les bijoutiers font les essais des bijoux.

Le *jaspe fleuri* (quartz-jaspe) rentre dans la classe des agates. N° 176.

Kaïnite.

Repris aux engrais chimiques, n° 281 bis.

La kaïnite est un engrais très estimé qui s'importe

d'Allemagne et d'Autriche. C'est un produit du sol. Les sacs qui renferment cet engrais sont généralement neufs et ils portent la marque « Kaïnit ». La composition de la kaïnite est très complexe ; c'est un mélange de divers chlorures, de sulfates et de *sulfures alcalins*.

Sa saveur est fraîche, amère ; le produit croque sous la dent. C'est un sel blanchâtre, en petits cristaux, dans lesquels on rencontre des grains d'un beau rose. Il n'y a pas lieu de taxer le sel gemme existant *naturellement* dans la kaïnite.

Kaolin, n° 179.

ORIGINE : Angleterre, Allemagne, Russie, Amérique.

C'est une argile très blanche, légèrement jaunâtre, vue en masse. On la trouve parfois colorée en rose pâle. C'est une argile presque pure, douce au toucher.

Quand on chauffe un peu de kaolin au chalumeau et qu'on humecte la matière avec une solution d'azotate de cobalt, on obtient une belle coloration bleue caractéristique.

Le kaolin se dissout assez facilement à chaud dans l'acide sulfurique, quand il n'a pas été calciné.

Usages : Fabrication de la porcelaine.

Kermès animal, n° 284.

ORIGINE : Espagne.

C'est en faisant mourir l'insecte qui donne cette

matière tinctoriale qu'on obtient le kermès en grains. On importe parfois le kermès en pain ou en poudre. En grain, il a l'aspect d'un pois rougeâtre.

Les alcalis amènent au violet les solutions de kermès.

Kermès minéral, n° 268.
(SULFURE D'ANTIMOINE)

C'est un sulfure d'antimoine qui a un peu l'aspect du kermès animal en poudre. Il est insoluble dans l'eau. Par la calcination dans un creuset au rouge, il se décompose en laissant dégager des vapeurs d'acide sulfureux et des fumées blanches d'oxyde d'antimoine.

Le kermès en poudre est d'un beau rouge pourpre velouté. Il se conserve dans des flacons de verre coloré. Il est insipide et inodore.

Attaqué même à froid par l'acide chlorhydrique, le kermès se décolore, devient jaune et laisse dégager de l'acide sulfhydrique qu'il est facile de reconnaître à son odeur infecte.

Usages : Médecine vétérinaire.

Lactate de fer, n° 269.

Le lactate ferreux (lactate de protoxyde) se présente sous forme de petits cristaux d'un blanc verdâtre. Il est assez inaltérable, mais sa solution dans l'eau brunit rapidement au contact de l'air.

Le lactate de peroxyde de fer ne cristallise pas ; on l'obtient en masse brune. Il est très soluble dans l'eau.

Magnésie, n° *241*.

(A l'état naturel : BRUCITE.)

Poudre blanche très fine, généralement agglomérée et vendue en briquettes. C'est une base infusible, réfractaire et insoluble dans l'eau. Saveur amère caractéristique. Contrepoison de l'acide arsénieux. (Ne pas confondre avec l'hydrocarbonate de magnésie. V. ces mots.)

La magnésie n'est pas attaquée par les acides. Elle ramène au bleu le tournesol rougi par un acide faible.

Usages : Médecine, impression.

Magnésium.

Produit chimique non dénommé autre, n° 282.

C'est le plus léger des métaux en usage dans l'industrie. Densité, 1 k. 750. Il est fusible et très ductile. Un fil de magnésium allumé à la flamme d'une bougie ou d'une allumette brûle avec une flamme éblouissante, en donnant comme résidu une poudre très légère de magnésie. L'acide sulfurique concentré le dissout difficilement en produisant de l'acide sulfureux ; l'acide azotique le dissout très vite. Avec les acides étendus il y a dissolution et dégagement d'hydrogène. Un fragment de magnésium plongé dans une solution de sel de fer, de cuivre, précipite le fer et le cuivre.

Usages : Appareils de précision, éclairage pour photographie nocturne.

Valeur : En lingot, 31 fr. le k.
En rubans, 52 fr. le k.
En fil, 50 fr. le k.
En poudre, 26 fr. le k.

Manganate de potasse.

Produit chimique non dénommé autre, n° 282.

Ce sel est en masses vertes. Il se dissout dans une lessive de potasse en donnant une coloration verte. L'eau pure le décompose et produit une solution rouge qu'on peut ramener au vert en ajoutant de l'alcali.

Valeur : 87 fr. les 100 k.

Manganate de soude.

Produit chimique non dénommé autre, n° 282.

Cristaux irréguliers d'un vert foncé. Forme avec l'eau une solution verte qui passe rapidement au rouge avec les acides. Ressemble beaucoup au manganate de potasse par ses propriétés.

Valeur : 52 fr. les 100 k.

Mercure, n° 226.

ORIGINE : Espagne, Autriche, Etats-Unis.

Métal liquide à la température ordinaire. Très dense et très brillant; s'oxyde lentement à l'air. L'acide chlorhydrique à froid est sans action sur le mercure. L'acide azotique l'attaque violemment à froid. L'acide sulfurique le décompose à chaud seulement.

Usages : Extraction de l'or et de l'argent, baromè-
tres, thermomètres, étamage des glaces, laboratoires.

Mica.

Pierres et terres servant aux arts, n° 179 ter.

ORIGINE : Sibérie, Amérique du Nord, Italie.

Se présente sous forme de lames brillantes et polies,
blanches, roses, vertes ou noires. Il a l'aspect d'un
verre flexible.

(Voir le Répertoire pour les différentes taxations.)

Minerais d'antimoine, n° 227.

ORIGINE : Australie, Japon, Italie, France.

L'antimoine. se rencontre dans la nature sous des
états différents.

A. *A l'état natif*, il est cristallisé en cubes et se trouve
mélangé avec de la gangue rocheuse.

B. *A l'état d'oxyde*, il est en cristaux brillants
blancs qu'on peut fondre au creuset. La masse se
reprend en cristaux par refroidissement.

C. *A l'état de sulfure*, il est cristallisé en aiguilles
ayant l'aspect métallique d'un gris bleuâtre. Ce sulfure n'a pas d'odeur et il est très fusible. On le reconnaît facilement en le traitant à froid par l'acide chlorhydrique : il se dégage de l'acide sulfhydrique (odeur
infecte) et il se forme du chlorure d'antimoine qui a
la propriété de se décomposer en un précipité d'oxyde
d antimoine floconneux, quand on ajoute un excès
d'eau dans sa solution.

Minerais d'argent, n° 201.

Origine : Mexique, Pérou, Hongrie, Allemagne, Suède.

Note. L'argent natif suit le régime de l'argent brut (argent en pépites ou en paillettes).

On connaît plusieurs minerais d'argent :

A. *Minerai d'argent antimonie, sulfuré.* — C'est un minerai très riche en argent. Il est rougeâtre. Son aspect est noirâtre quand il est en cristaux. Son éclat est métallique.

B. *Sulfure d'argent.* — Minerai d'un gris de plomb qui se rencontre en filons dans la nature. Il se présente parfois cristallisé en cubes ; mais généralement il est amorphe, en filaments ou en rognons. On peut le couper au couteau et le fondre à la chaleur de la lampe à alcool.

C. *Argent antimonial.* — Minéral renfermant de l'argent et de l'antimoine. Aspect blanchâtre et cristallin ; il est assez rare. On n'en trouve que dans la Forêt-Noire.

D. *Argent natif.* — Généralement il est mélangé à d'autres matières cristallisées à base de quartz. On le trouve dans les pays suivants : Saxe, Silésie, Suède, Hongrie, Bohème, Mexique, Pérou et France.

Minerais de cobalt, n° 232.

Origine : Saxe, Suède.

On connaît plusieurs minerais de cobalt.

A. *Smaltine* (arséniure de cobalt). — Cristaux cubiques ou masses cristallines compactes, d'un blanc d'étain ou d'un gris d'acier. L'acide azotique à chaud attaque ce minerai : il se forme un sel de cobalt (V. ces mots) et un dépôt d'acide arsénieux.

B. *Cobaltine* (sulfo-arséniure de cobalt). — Eclat métallique assez vif, blanc d'argent ou blanc rougeâtre. Cristallise en cubes. Se dissout également à chaud dans l'acide azotique en donnant une solution rouge, un dépôt de soufre et d'acide arsénieux.

Minerais de cuivre, nº 221.

ORIGINE : Chili, Pérou, Suède, Hongrie, Espagne.

Les minerais de cuivre sont très nombreux ; ils sont généralement mélangés à d'autres métaux et à de la gangue.

On peut les reconnaître en les calcinant après les avoir pulvérisés et en traitant le résidu de la calcination par l'acide sulfurique. Il se forme un sel de cuivre qu'on peut caractériser. (V. Sels de cuivre et également Malachite.)

Minerais d'étain, nº 223.

ORIGINE : Autriche, Saxe, Angleterre, Indes (Banca), Amérique.

On connaît plusieurs minerais.

A. *Oxyde naturel.* — Se présente cristallisé en prismes carrés à facettes d'une couleur jaunâtre ou noirâtre. Ses cristaux sont très durs ; ils sont infusibles au chalumeau.

B. *Sulfure naturel.* — Il est souvent accompagné de gangue, qui se compose en majeure partie de quartz. Quand on le chauffe au chalumeau, il émet des vapeurs d'acide sulfureux et se transforme en oxyde sous forme d'une poudre blanche.

Minerais de fer, n° 204.

Les principaux minerais de fer sont des oxydes, des carbonates et des silicates que l'on extrait directement des mines. Nous citerons :

A. *La sanguine.* — C'est une pierre formée d'oxyde de fer et d'argile. A l'état brut, elle suit le régime des pierres et terres servant aux arts, n° 179 *ter*. Les crayons de sanguine sont assimilés aux mines de couleur repris au n° 301 *bis*. La sanguine broyée et préparée pour la peinture suit le régime des couleurs selon l'espèce. Voir les notes 303, 308 à 310.

B. *Hématite.* — Se présente en masses d'une couleur foncée, à l'aspect cristallin. Sa structure est fibreuse. On la vend quelquefois en poudre. Elle est plus dure que la sanguine ; elle sert à brunir les métaux. A l'état brut, elle suit le régime des pierres et terres servant aux arts, n° 179 *ter*.

C. *Limonite.* — Ce minerai a la même composition que l'hématite, mais il est d'autant plus jaune qu'il contient plus d'eau. Sa gangue est argileuse ; elle renferme souvent du phosphore et du sulfate de baryte.

D. *La nigrine.* — Est une variété de minerai de fer qui suit le régime des pierres et terres servant aux arts, n° 179 *ter*. Poudre fine noirâtre en menus morceaux qu'on emploie pour le polissage des métaux et pour le filtrage de l'eau.

E. *L'aimant.* — C'est un oxyde de fer très connu par ses propriétés magnétiques. On le rencontre en France, en Algérie et surtout en Suède. Il renferme jusqu'à 75 0/0 de fer.

F. *Aétites ou pierres d'aigle.* — Pierres rondes ou ovales renfermant une espèce de noyau qui n'adhère pas On en trouve en France aux environs d'Alais. Régime : n° 179 *ter*.

G. *Castine.* — Pierre employée dans les hauts fourneaux. C'est un carbonate de chaux qui active la fusion du minerai de fer ; c'est un fondant. La castine fait effervescence avec les acides minéraux, et elle suit le même régime que le minerai de fer proprement dit, n° 204.

Minerais de nickel, n° 225.

ORIGINE : Allemagne, Suède, Amérique.

On connaît plusieurs minerais de nickel :

A. *Kupfernickel* (arséniure). — Amorphe, gris rougeâtre ; fait feu au briquet en dégageant une odeur d'ail.

B. *Cloanthite* (nickel arsenical blanc). — Cristaux cubiques d'un blanc métallique souvent recouverts d'un enduit verdâtre.

C. *Nickel-glanz.* — Gris plombé métallique, cristaux cubiques ou octaédriques,

D. *Millerite.* — Sulfuré en cristaux d'un jaune laiton.

E. *Garniérite.* — Silicate double de magnésie et de nickel. Ce minerai est vert pomme, très doux au toucher. Sa cassure est écailleuse. (Origine : Nouvelle-Calédonie.)

Minerais d'or ou de platine, n° 200.

ORIGINE : Monts Ourals, Californie, Australie, Chili, Mexique.

On considère comme minerais d'or ou de platine ceux qui sont importés à l'état naturel, mélangés à de la gangue.

Tout minerai lavé ou qui a subi un travail quelconque doit être traité comme or ou platine brut.

La mousse de platine suit le régime du métal brut.

On trouve l'or natif en paillettes ou en filons ; dans ce dernier cas, il a pour gangue le quartz. Il est alors accompagné d'autres minerais métalliques, de pyrite, de sulfure d'antimoine et de minerais d'argent.

Le platine se rencontre en grains ou en pépites dans les terrains anciens qui contiennent l'or et le diamant, et souvent au milieu de roches serpentineuses. Le platine natif n'est pas un métal pur, il est généralement allié au palladium, à l'iridium, à l'osmium, etc.

Minerais de plomb, n° 222.

(ALQUIFOUX, GALÈNE) (Sulfure de plomb).

ORIGINE : Espagne, Suède, Angleterre.

C'est le minerai de plomb le plus répandu. Ce mincrai est noir, pesant, et sa forme de cristallisation est le cube. La galène est souvent mélangée de gangue clivable. Quand on chauffe un peu de sulfure de plomb au chalumeau, il se dégage de l'acide sulfureux et il se forme du sulfate de plomb blanc ou de l'oxyde jaune par réduction sur le charbon de bois du chalumeau.

Minerais de zinc, n° 224.

Parmi les minerais de zinc nous citerons :

A. *La Calamine* (Carbonate de zinc). — C'est le plus abondant.

On le trouve en Belgique, en Grèce et en Allemagne. La calamine n'est jamais pure ; elle est souvent mélangée à de l'oxyde de zinc et à de l'oxyde de fer. On connaît deux variétés de calamine : l'une blanche et l'autre rouge.

B. *Blende* (Sulfure de zinc). — Se rencontre en Allemagne, en Autriche, en France et en Amérique.

La blende a pour densité 4.16 ; elle est infusible au chalumeau. Elle est tantôt cristallisée ou en masses grenues lamelleuses. La couleur de ce minéral varie du jaune au brun.

Minium, n° 239.

Couleur rouge très vive. Très dense. Attaqué à chaud par l'acide azotique, le minium donne de l'azotate de plomb soluble et de l'oxyde puce insoluble En filtrant on peut séparer la solution d'azotate de plomb qu'il est facile de caractériser (V. Sels de plomb). On a essayé d'introduire du chromate de plomb sous la dénomination de minium (V. ce mot. — V. également Bisulfure de mercure ou vermillon).

Usages : Verreries, poteries, papier de tenture, cire à cacheter, mastics et peintures.

Morphine et ses sels.

Produit chimique non dénommé autre, nº 282.

La morphine cristallise en prismes rectangulaires. Peu soluble dans l'eau froide. Insoluble dans l'éther. Soluble dans l'alcool. L'acide azotique a la propriété de colorer en rouge orangé la morphine et ses sels. *Poison violent.* La morphine verdit le sirop de violette. Ses principaux sels sont l'acétate, le chlorhydrate et le sulfate.

Valeurs : Morphine,   50 cent. le gr. (Variable).
    Acétate,   60   —   id.   —
    Chlorhydrate, 40   —   id.   —
    Sulfate,   40   —   id.   —

Musc naturel.

Autres produits bruts propres à la médecine, nº 61.

Origine : Chine, Thibet.

Couleur brun foncé. Odeur forte et très diffusible. Le musc est rarement pur. On le falsifie avec du sang, de la graisse, des résines et même du plomb en poudre pour en augmenter le poids. A l'état pur, le musc est solide, en grumeaux d'un rouge foncé ; il présente l'aspect de sang caillé desséché ; il est doux au toucher et s'écrase facilement. Sa saveur est amère. Il est soluble dans l'eau chaude et dans l'alcool, S'importe généralement dans des vésicules ou vessies auxquelles adhère souvent une partie de la peau de l'animal.

Usages : Médecine, parfumerie.

Naphtaline.

Produit obtenu directement par la distillation du goudron de houille, n° 280.

Matière solide qui cristallise sous forme de petites lames brillantes incolores, Brûle facilement avec flamme fuligineuse. Odeur très pénétrante qui rappelle celle du gaz d'éclairage. Insoluble dans l'eau. Soluble dans l'alcool et dans l'éther.

La naphtaline parfumée à l'essence de menthe ou de moins de 10 0/0 de camphre suit le régime des produits chimiques non dénommés autres, note 282.

Usages : Désinfectant, préparation des matières colorantes.

Naphtols.

Produits dérivés des produits de la distillation de la houille, n° 280.

Les naphtols dérivent de la naphtaline, Ils se présentent en masses cristallines ou en aiguilles brillantes, ordinairement colorées, ayant la saveur du phénol, insolubles dans l'eau froide, peu solubles dans l'eau bouillante, solubles dans l'alcool, l'éther, le chloroforme et les alcalis, Ils ont la propriété de colorer le bois de sapin en vert lorsqu'ils sont en présence de l'acide chlorhydrique.

Naphtylamines.

Produits dérivés des produits de la distillation de la houille, nᵒ 280.

On connaît deux naphtylamines :

A. L'*alpha-naphtylamine* : odeur désagréable et tenace ; fond vers 50 degrés.

B. La *béta-naphtylamine*, inodore quand elle est pure ; fond à 112 degrés.

Ces produits se présentent en masses cristallines souvent colorées ou en aiguilles soyeuses blanches et aplaties. Insolubles dans l'eau froide ; très solubles dans l'alcool et dans l'éther. Elles forment des sels avec les acides.

Narcotine et ses sels.

Produit chimique non dénommé autre, nᵒ 282.

La narcotine est un alcaloïde de l'opium. Prismes brillants incolores. Soluble dans l'eau froide. Peu soluble dans l'alcool. Elle colore en jaune l'acide sulfurique concentré et elle est colorée en vert par l'acide sulfurique étendu.

Valeur belge pour la narcotine, 50 fr. le kilo.

Natron, nᵒ 248.

ORIGINE : Egypte.

C'est un sel complexe qui renferme en majeure

partie du carbonate de soude et du chlorure de sodium. On l'importe en morceaux d'un blanc sale presque jaunâtre, d'une grande dureté et d'autant plus effleuri à la surface qu'il renferme de carbonate de soude. Il titre ordinairement 40 à 50 degrés alcalimétriques, Il fait effervescence avec les acides minéraux.

Nickel, n° 225.

Métal blanc. S'oxyde légèrement à l'air. Très difficile à fondre. Densité, 8,279. L'acide azotique l'attaque à froid, en donnant comme résultat de l'azotate de nickel d'un beau vert caractéristique qu'il est facile de caractériser (V. Sels de nickel). Il se dégage pendant l'opération d'abondantes vapeurs rutilantes.

Usages : Alliages, nickelage des métaux.

Nicotine et ses sels.

Produits chimiques non dénommés à base d'alcool, n° 282.

Alcaloïdes extraits du tabac. *Poisons violents.*

La nicotine est oléagineuse et inodore. Elle brunit à l'air. Son odeur devient âcre quand on la chauffe. Précipite en blanc les sels de plomb, d'étain et de zinc ; en jaune les sels de fer ; en bleu les sels de cuivre.

Valeur belge de la nicotine, 275 fr. le kilo.

Nitrobenzine.

(ESSENCE DE MIRBANE)

Produit dérivé des produits de la distillation de la houille, n° 280,

Liquide incolore à l'état pur. Dans le commerce, on la trouve plutôt jaunâtre. Odeur très forte d'amandes amères, saveur douce; presque insoluble dans l'eau ; très soluble dans l'alcool et dans l'éther.

Usages : Parfumerie des savons verts, fabrication de l'aniline.

Noir de fumée, n° 300.

Très léger. Prend un aspect brillant, mordoré quand on le frotte avec un burin, en appuyant, sur une surface plane. Ç'est une poudre noire très subtile, qui possède une odeur particulière très facile à reconnaître.

Usages : Peinture, impression, encre de Chine, cirages, etc.

Noix de galle, n° 156.

ORIGINE : Asie, Afrique.

La noix de galle des pays chauds est très estimée à cause de sa richesse en tanin. Elle est dure, tuberculeuse, de la grosseur d'une petite noix; sa couleur est d'un gris noirâtre. Elle est généralement creuse.

Le chêne européen donne également une noix de

galle ; mais elle est petite, molle et spongieuse.
Usages : Préparation de l'acide tannique.

Noix vomique.

Fruits et graines autres, non dénommés, n° 127.

ORIGINE : Indes.

La noix vomique est convexe d'un côté, plane ou
concave de l'autre, avec un ombilic très saillant. Elle
est grise, et la pellicule qui l'enveloppe est généralement veloutée. La noix est blanche, cornée, et parfois
d'un aspect noirâtre. Sa saveur est très amère. Elle
renferme beaucoup de strychnine : *c'est un poison.*
Usages : Médecine.

Obsidienne.

Régime des agates, n° 176.

ORIGINE : Italie, Grèce, Amérique.

En minéralogie on l'appelle « verre volcanique ».
C'est une roche vitreuse, compacte, à cassure con-
choïde, d'un vert noir. Elle est très fragile. Chauffée
au chalumeau, cette pierre se boursoufle.

Opium, n° 123.

ORIGINE : Orient.

C'est un suc assez complexe comme composition,
qui se présente sous la forme de masses racornies de
couleur brune. *C'est un poison.* (Contrepoison : acide
tannique.) L'opium est dense ; sa cassure est assez
brillante, son odeur est vineuse et désagréable,

Il se ramollit à une douce chaleur, à 40 degrés. Quand on le chauffe sur une plaque de tôle, il peut s'enflammer et il brûle alors en se boursouflant ; le résidu est un charbon très léger. L'opium est peu soluble dans l'eau.

Usages : Extraction de la morphine et de la codéine, médecine.

Or, n° 200.

Eclat jaune rougeâtre. Métal inaltérable à l'air. Fusible et volatil. On peut le réduire en feuilles de un cent millième de millimètre d'épaisseur. Les acides isolés ne l'attaquent pas. Quand on met une mince feuille d'or dans l'eau régale (V. ces mots), elle se dissout complètement. Dans une solution même étendue d'un sel d'or, le protochlorure d'étain additionné d'un peu d'acide chlorhydrique donne un précipité très beau qu'on appelle pourpre de Cassius.

Orcanète.

Autres racines, n° 157.

ORIGINE : Levant.

Racine grosse comme le doigt, qui se dissout assez difficilement dans l'eau en la colorant en rouge ; mais elle est soluble dans l'alcool, la benzine et la glycérine. Sa solution alcoolique concentrée vire au violet ; elle verdit par les acides et bleuit par les alcalis.

Le sublimé corrosif, l'acétate de plomb donnent de beaux précipités dans ses solutions alcooliques.

Usage : Teinture.

Orseille, n° 291.

Origine : Canaries, Corse, Angleterre.

L'orseille se retire d'un lichen qui croît au bord de la mer. En solution elle communique à l'eau une teinte violette, que les acides amènent au rouge. Les alcalis lui font reprendre la couleur violette.

L'alun donne un précipité rouge foncé dans l'orseille.

L'acide sulfureux a une tendance à décolorer cette substance.

Il y a deux sortes d'orseille.

A. *L'orseille violette*, qu'on livre en pâte, en extrait ou en poudre ; elle teint en violet.

B. *Le tournesol bleu*, qu'on vend en petits cubes (V. Tournesol).

Usages : Teinture, laboratoires.

Outremer factice et naturel, n° 295.

A. *Outremer factice.* — Il renferme généralement du soufre en excès ; on peut s'en assurer en chauffant une solution du produit dans laquelle on a versé un peu d'acétate de plomb ; il se produit dans ce cas une coloration noire.

Quand on verse de l'acide chlorhydrique même à froid dans un tube à essai sur de l'outremer factice, il y a décomposition ; la matière devient blanche et il se dégage de l'acide sulfhydrique, qu'il est facile de reconnaître à son odeur fétide. Il se dégage de la chaleur pendant cette expérience.

B. L'*outremer naturel* n'est presque plus employé. Sa couleur est bleue. Son éclat et sa pureté sont remarquables. Son prix est très élevé.

Ces deux variétés d'outremer sont uniformément taxées.

Usages : Peinture, teinture, impression.

Oxalate de potasse (bi), n° 271.
(SEL D'OSEILLE)

Sel incolore ; soluble dans l'eau. Quand on imbibe une tache d'encre avec une solution de ce sel, elle disparaît rapidement. Les taches de rouille s'enlèvent avec ce produit de la même façon.

Sa solution même étendue donne un précipité blanc floconneux dans une dissolution de sulfate de chaux.

A haute dose c'est un poison.

Usages : Teinture, médecine.

Oxyde d'antimoine (proto), n° 268.
(ACIDE ANTIMONIEUX, FLEURS ARGENTINES D'ANTIMOINE)

Blanc. Aiguilles cristallines insolubles dans l'eau. Eclat perlé. On peut chauffer ce produit sans le décomposer. Il donne avec les acides des sels insolubles. *Poison.* Chauffé, il devient jaune, puis il fond et se volatilise complètement si on pousse l'opération.

Usages : A petite dose, médecine. Préparation de l'émétique.

Oxyde de baryum (bi), n° 239 bis.

(BARYTE OXYGÉNÉE)

Blanc grisâtre, insipide, inodore, insoluble dans l'eau froide. Dans l'eau bouillante, ce produit se décompose ; il se forme de l'eau de baryte et l'oxygène se dégage.

Il se délite dans l'eau froide en s'hydratant. Par la calcination il perd la moitié de son oxygène et laisse un résidu de baryte.

Usages : Fabrication de l'eau oxygénée.

Valeur : Anhydre, pour l'industrie, 100 fr. les 100 kilos pris par fût de 250 kilos.

Oxyde de chrome (sesqui).

(VERT GUIGNET)

Même régime que l'oxyde d'urane repris au n° 239.

Couleur verte très appréciée en teinture. A l'état anhydre, il se dissout plus ou moins bien dans les acides ou les alcalis, selon le mode de préparation. Il est parfois obtenu en beaux cristaux. Il se combine avec l'eau et forme des solutions d'un beau vert solubles dans les acides ou les alcalis. Il est indécomposable par la chaleur ; mais le charbon peut le transformer en métal. L'acide sulfurique concentré et à chaud le transforme en sulfate de chrome insoluble.

Oxyde de cobalt (proto) pur, n° 239.

Poudre d'un gris foncé très dense. Elle est quelquefois verdâtre ou rougeâtre. Quand on chauffe cet oxyde au chalumeau avec du borax, il se produit une coloration bleue ; avec la magnésie il donne, dans les mêmes conditions, une coloration rose ; avec l'oxyde de zinc une coloration verte.

On peut attaquer l'oxyde de cobalt à chaud par l'acide sulfurique dans un tube à essai. Allonger le liquide obtenu avec de l'eau distillée, filtrer, et rechercher les propriétés en consultant l'article « Sels de cobalt ».

Usages : Verrerie, céramique, émaux.

Oxydes de cuivre.

A. BIOXYDE DE CUIVRE, n° 239.—Aspect terreux, noir. Est attaqué à chaud par l'acide chlorhydrique : il se forme du bichlorure de cuivre vert. (V. Sels de cuivre.)

B. PROTOXYDE DE CUIVRE. — Se rencontre dans la nature sous forme de petites masses rouges irrégulières (*oxydule de cuivre*). Repris au n° 239.

Se prépare artificiellement en décomposant les sels de cuivre. Il a la propriété de se dissoudre dans l'ammoniaque en colorant le liquide en bleu au contact de l'air. Il est repris au 239.

En l'attaquant à chaud par un acide minéral et en filtrant le liquide ainsi obtenu, on peut caractériser le sel en consultant l'article « Sels de cuivre ».

Usages : Verrerie, peinture, papiers peints.

Oxydes d'étain.

A. ACIDE STANNIQUE, n° 239. — Blanc. Insoluble dans l'eau ; soluble dans les acides minéraux. C'est un produit peu stable, qu'on peut préparer en traitant par un excès d'eau le bichlorure d'étain. Il est peu employé.

B. Acide métastannique, nº 239 (*Potée d'étain*). — Poudre blanche insoluble dans les acides minéraux. Fondu avec le borax ou le phosphate de soude, il forme l'émail pour cadrans de montres. Celui qu'on vend sous le nom de potée d'étain renferme un peu d'oxyde de plomb. On peut s'en assurer en chauffant au chalumeau sur un morceau de charbon de bois un peu de potée. Il se forme aussitôt une auréole jaune qui décèle le plomb.

C. Protoxyde d'étain, nº 239. — Blanc, insoluble dans l'eau ; soluble dans une solution concentrée de potasse caustique. Quand il est desséché à l'abri de l'air, il est brun ou vert olive et s'enflamme facilement, en se transformant alors en bioxyde blanc.

Usages : Réducteurs, poteries, verreries, émaux.

Oxydes de fer. nº 239.

Il ne s'agit ici que des oxydes artificiels, quel qu'en soit le degré d'oxygénation. Pour les oxydes de fer naturels, consulter l'article « Minerais de fer ». Parmi les oxydes artificiels nous citerons :

A. Le colcothar ou rouge d'Angleterre. — Poudre très fine, d'un beau rouge. Anhydre, se dissout difficilement dans les acides minéraux, sauf dans l'acide chlorhydrique qui l'attaque. On peut alors essayer le sel ainsi obtenu, en filtrant d'abord et y versant du prussiate jaune de potasse ; il doit se former un précipité de bleu de Prusse, si l'opération a été bien conduite.

B. Ethiops martial. — Cet oxyde est employé en pharmacie. C'est l'oxyde magnétique artificiel. Il est d'un beau noir.

Usages : Peinture. Polissage de l'argenterie et des glaces. Verrerie. Médecine.

Oxydes de manganèse artificiels.

Produits chimiques non dénommés autres, n° 282.

Il ne s'agit ici que des oxydes obtenus artificiellement.

Voir l'article suivant pour le bioxyde naturel.

A. Protoxyde de manganèse (*Oxyde manganeux*). — Poudre vert pâle ou vert-gris ; densité, 5.09. Fusible sans décomposition.

Valeur : 75 fr. les 100 k.

B. Oxyde rouge. — Cristaux d'un beau noir. En poudre il est brun rouge. Se dissout dans l'acide sulfurique à froid en donnant une solution rouge.

Valeur : 1 fr. le kilo.

C. Sesquioxyde (*Oxyde manganique*). — Cristaux d'un beau noir. En poudre il est brun. Les acides sulfurique et azotique étendus le transforment en sels manganeux et peroxyde de manganèse.

D. Bioxyde (*peroxyde*). — On ne vise ici que le bioxyde chimiquement pur. Le bioxyde naturel est repris à l'article suivant. Calciné, le bioxyde de manganèse abandonne 12 0/0 d'oxygène et se transforme en oxyde. Chauffé avec de l'acide sulfurique, il donne du sulfate manganeux.

Valeur : 125 fr. les 100 kilos.

Oxyde (bi) de manganèse naturel, n° 231.
(MINERAI DE MANGANÈSE)

Il se rencontre dans les terrains tertiaires sous forme de cristaux ; mais généralement en poudre noirâtre. Il porte le nom de *pyrolucite*. On en trouve des dépôts considérables en Allemagne, aux monts Ourals, en France et en Chine. Il n'est jamais pur.

C'est une poudre noirâtre qui communique aux mains l'odeur de la fonte. Ce produit se décompose au rouge et abandonne une partie de son oxygène.

Lorsqu'on chauffe dans une capsule de porcelaine un peu de minerai de manganèse avec de l'acide chlorhydrique, il se produit une effervescence due à la présence des carbonates calcaires que le produit peut contenir, et il se dégage du chlore gazeux, très facile à reconnaître à sa couleur verdâtre et à son odeur particulière.

Usages : Verreries. Huiles siccatives. Métallurgie.

Oxyde (bi) de mercure.
Produit chimique non dénommé autre, n° 282.

Tantôt rouge, tantôt jaunâtre. Sa couleur dépend du mode de fabrication. Sans usage à l'état libre. Les alchimistes lui donnaient le nom de précipité *per se*.

Ce produit se décompose par la chaleur, en laissant dégager son oxygène.

Usages : Laboratoires. Médecine.

Valeur : Pur, 15 fr. le kilo.

Pour l'industrie, 750 fr. les 100 kilos.

Oxydes de nickel.

Produits chimiques non dénommés autres, n° 282.

A. PROTOXYDE. — Il est d'un gris cendré à l'état anhydre et d'une couleur vert-pomme s'il est hydraté ; il se dissout dans l'ammoniaque en formant une liqueur d'un beau bleu.

Le protoxyde de nickel est réduit par le charbon au feu de forge.

Valeur : Hydraté, 4 fr. le kilo. Anhydre, 8 fr. le kilo.

B. SESQUIOXYDE. — Poudre noire, dense ; s'obtient par la calcination de l'azotate de nickel. Il ne donne pas de sels. Par la calcination il se dédouble en protoxyde et en oxygène.

Il ne s'agit ici que des oxydes artificiels.

Valeur : Pour l'industrie, 4 fr. 50 le kilo.

Oxydes de plomb.

A. PROTOXYDE DE PLOMB, n° 239 (*Massicot, Litharge*). — On trouve dans le commerce le massicot sous forme d'une poudre jaune, très dense, légèrement rougeâtre, soluble dans l'acide azotique. Parfois ce protoxyde a l'aspect d'écailles cristallisées : il prend alors le nom de litharge.

L'acide azotique à chaud dissout le protoxyde de plomb. En ajoutant de l'eau distillée au produit obtenu et en filtrant, on peut caractériser l'azotate de plomb. (V. ce mot et Sels de plomb.)

' *Usages* : Peinture. Verrerie.

B. Bioxyde de plomb, n° 239 (*Acide plombique, Oxyde puce*). — C'est un oxyde singulier. Avec l'acide chlorhydrique il donne à chaud du chlorure de plomb. Quand on mélange de l'oxyde puce à parties égales avec du soufre, on obtient un mélange qui détone sous le choc d'un marteau.

Usages : Laboratoires. Fabrication des allumettes. Peinture.

Oxyde (*bi*) de sodium.

Produit chimique non dénommé autre, n° 282.

Poudre blanche ou jaunâtre se dissolvant dans l'eau avec élévation de température. Tombe en déliquescence à l'air ; mais se solidifie de nouveau après s'être transformée en carbonate. Sa dissolution est décomposée par l'ébullition avec dégagement d'oxygène. Si l'on ajoute une solution de bioxyde de sodium à une solution de sel de cuivre en excès, on précipite de l'oxyde de cuivre jaune.

Valeur : 5 fr. le kilo.

Oxyde de zinc, n° 239.

(BLANC DE ZINC)

Le blanc de zinc est infusible ; il a la propriété de

devenir jaune quand on le calcine et de reprendre sa couleur blanche par le refroidissement. L'acide sulf-hydrique n'a pas d'action sur lui ; c'est ce qui le distingue de la céruse.

Il est très léger, doux au toucher. On peut l'attaquer à chaud par un acide minéral et rechercher les propriétés du sel ainsi obtenu, après filtration. (V. Sels de zinc.)

Usages : Peinture, médecine.

Oxyde d'urane, n° 239.

ORIGINE : Bohême, Saxe, Angleterre.

On le vend à l'état de protoxyde ou de bioxyde. Il est tantôt brun vert et tantôt jaune.

Il se dissout facilement dans l'acide azotique : le protoxyde donne une solution verte qui devient jaune peu à peu ; le peroxyde donne un sel jaune.

Au chalumeau, que l'oxyde soit pur ou mélangé, on obtient toujours une perle jaunâtre ou verdâtre caractéristique.

Usages : Peinture sur porcelaine. Vitraux.

Paraffine, n° 199.

ORIGINE : Amérique, Asie.

Matière blanche, solide, qui fond facilement vers 45 degrés. Elle se décompose si l'opération est menée brusquement. A la température ordinaire, les acides concentrés et les alcalis sont sans action sur la paraffine. Peu soluble dans l'alcool et dans l'éther. Elle est sèche au toucher ; sa structure est un peu cristalline, vitreuse. Elle s'importe en plaques ou tablettes.

Les paraffines d'Amérique sont enfermées dans des caisses d'un bois de couleur rougeâtre. Il n'y a pas à distinguer pour le droit entre la paraffine brute et la paraffine purifiée. La paraffine en bougies paie la taxe de consommation intérieure (page 445 des notes).

Pepsine.

Produit chimique non dénommé autre, n° 282.

Substance extraite directement de l'estomac d'un animal. Petites écailles minces translucides et grisâtres. Soluble dans l'eau acidulée. Insoluble dans l'alcool absolu. Le chlore, l'iode, le tanin, les sels mercureux et mercuriques précipitent ses solutions.

Pour la pepsine mélangée à d'autres matières, voir là note 316.

Usages : Médecine.

Valeur : Pure, en poudre, soluble, 12 fr. le kilo.

En paillettes, 20 fr. le kilo.

Amylacée, 3 fr. 50 le kilo.

Permanganate de potasse, n° 264 bis.

Couleur rouge intense en solution dans l'eau. C'est un oxydant énergique. Quand on verse une dissolution de ce sel sur des matières organiques, du papier, du sucre, par exemple, il y a décoloration du produit et oxydation des matières employées.

Les cristaux de permanganate de potasse sont assez volumineux ; ils sont noirs, à reflets verts.

Usages : Médecine. Laboratoires. Fabrication des dérivés des phénols.

Phénylhydrazine.

Produit dérivé des produits de la distillation de la houille, n° 280.

Liquide incolore ; faible odeur aromatique. Se prend, quand il est refroidi, en une masse fusible vers 23 degrés. Peu soluble dans l'eau ; soluble dans les acides étendus ; se dissout facilement dans l'alcool et l'éther. Se colore en brun à la lumière.

Phosphates.

Caractères généraux :

A. Les phosphates neutres à base alcaline sont seuls solubles.

B. Les dissolutions neutres donnent avec l'azotate d'argent un précipité jaune soluble dans l'acide azotique.

C. En versant dans une solution concentrée d'un phosphate neutre du chlorhydrate d'ammoniaque et du sulfate de magnésie, on a un précipité blanc cristallin.

D. Une dissolution de molybdate d'ammoniaque dans l'acide azotique donne à chaud dans les phosphates solubles un précipité jaune.

Phosphate neutre d'ammoniaque.

Sels ammoniacaux autres, n° 252.

Ce sel ramène au bleu le tournesol rougi. Il verdit le

sirop de violette. Ses cristaux s'effleurissent à l'air
Lorsqu'on le chauffe, il se décompose en ammoniaque,
et il reste de l'acide phosphorique à l'état vitreux.
Saveur fraîche et piquante.

Usages : Médecine.

Phosphates de chaux naturels.

Pierres et terres servant aux arts, n° 179 ter.

Les phosphates naturels se rencontrent en abondance dans le sol, en rognons ou en roches, formant parfois des montagnes entières. On les emploie comme engrais dans l'agriculture.

Les phosphates de la Floride sont généralement rougeâtres.

Les phosphates de chaux de Russie se présentent sous la forme de nodules ou rognons noirs, bruns, gris ou verdâtres, et parfois ils prennent l'aspect de véritables schistes.

La chaux phosphatée est rarement cristallisée. On la rencontre en Europe sous plusieurs aspects. Elle est parfois colorée en gris, en rouge ou en jaune. Elle offre généralement une masse concrétionnée. On trouve des rognons de phosphates qui ressemblent aux aétites (V. ce mot); ils sont creux et contiennent un noyau non adhérent.

L'apatite est un phosphate cristallisé naturel qui renferme du chlore et du fluor également.

Phosphates de chaux précités n° 281 bis.

Pour transformer la partie cartilagineuse des os en

gélatine, le phosphate de chaux, qui en constitue la trame minérale, est attaqué par l'acide chlorhydrique.

L'osséine ainsi décalcarifiée est ensuite solubilisée et amenée à l'état gélatineux par l'action de l'eau chauffée à plus de cent degrés.

Cette opération fournit un jus acide qui contient le phosphate en dissolution que l'on précipite par la chaux et qui, après lavage et séchage, est livré à l'agriculture sous le nom de phosphate précipité. (V. notes page 643.)

Phosphate neutre de soude.

Sels de soude non dénommés, nᵒ 250.

Cristallise en prismes rhomboïdaux. Ramène au bleu le papier rouge de tournesol. Soluble dans l'eau. Donne un précipité jaune avec l'azotate d'argent. Ses cristaux perdent leur eau de cristallisation, quand on les chauffe. Ce sel est efflorescent.

Usages : Médecine, laboratoires, teinture.

Phosphore blanc, nᵒ 237.

Solide à la température ordinaire, légèrement jaunâtre ; se conserve sous l'eau. Odeur d'ail. On peut le rayer facilement. Très soluble dans les huiles, la benzine et le sulfure de carbone. Très inflammable (ses brûlures sont très dangereuses). On doit le couper sous l'eau et avec précaution.

Il brûle vivement avec déflagration, en donnant des vapeurs blanches d'acide phosphorique.

C'est un *poison violent*. (Contre-poison : magnésie.)
Voir les notes pour la délivrance des acquits.

Phosphore rouge, n° 237.

Solide à la température ordinaire, rouge, opaque, inodore. Insoluble ·dans le sulfure de carbone ; ne s'enflamme que, vers 230 degrés. L'acide azotique à chaud l'attaque très faiblement.

Le phosphore rouge n'est pas un poison. Il est plus fortement taxé que le phosphore blanc.

Phosphures de cuivre.

Produits chimiques non dénommés autres, n° 282.

- On connaît plusieurs phosphures :

A. Phosphure tricuivreux : poudre noire d'éclat métallique, soluble dans l'acide azotique et l'eau régale.

B. Phosphure tricuivrique : couleur noire ou brun-rouge. Soluble dans l'acide azotique.

C. Phosphure dicuivrique : poudre grise cristalline.

D. Phosphure de cuivre pour bronzes. Se vend en plaques quadrillées ou saumons d'un gris métallique, à reflets irisés violets ou jaunes. Ils servent à faire une variété de bronzes phosphoreux.

Valeur de ce dernier. Fondu, en·plaques, à 15 0/0 de phosphore, entre 2 fr. 85 et 3 fr. 50 le kilo, selon les quantités.

Pierre ponce.

Pierres et terres servant aux arts, n° 179 ter.

ORIGINE : Italie, Sicile.

C'est une lave volcanique plus légère que l'eau. Son aspect est soyeux et brillant. Elle est très poreuse et rude au toucher. Elle est généralement grisâtre.

Pierre de touche.

Pierres et terres servant aux arts, n° 179 ter.

ORIGINE : Asie Mineure.

Pierre très dure, noire, rugueuse ; grain fin et serré. Peut se polir. Les acides sont sans action sur cette pierre. Conserve la trace des métaux précieux que l'on frotte contre sa surface. (V. le mot Jaspe.)

Pilocarpine et ses sels.

Produit chimique non dénommé à base d'alcool, n° 282.

Alcaloïde vénéneux. Soluble dans l'eau. Plus soluble dans l'alcool et la benzine. Liquide visqueux.

Valeur : 4 fr. le gramme.

Ses sels sont à valeurs variables.

Platine, n° 200.

Métal très lourd. Éclat blanchâtre. Malléable et ductile. Ne peut se polir. Ne fond qu'à la chaleur du chalumeau oxyhydrique.

On le vend dans le commerce sous la forme de *noir de platine,* de *mousse de platine* ou de platine en poudre ou en fils.

Le platine résiste à beaucoup de réactifs ; mais certains oxydes l'attaquent, l'oxyde de plomb par exemple, à chaud.

L'eau régale peut l'attaquer.

Usages : Laboratoires (creusets et capsules). Art dentaire. Industrie.

Plomb, n° 222.

Métal très mou. Brillant quand on le coupe. Très fusible. Très malléable. Quand on frotte le papier avec un morceau de plomb, on aperçoit une trace métallique noirâtre.

Ce métal s'oxyde assez rapidement à l'air. L'oxydation est plus rapide à chaud.

L'acide azotique seul attaque le plomb à chaud. Il est très employé dans l'industrie.

Plombagine n° 191.

(GRAPHITE, MINE DE PLOMB)

ORIGINE : Angleterre, Sibérie, Allemagne.

La plombagine est légère et brillante. Son éclat rappelle celui de la fonte. En poudre elle est douce au toucher. En morceaux sa cassure est grenue et tuberculée.

Par la calcination la plombagine pure ne doit pas donner de résidu, puisqu'elle est composée essentiellement de charbon.

Usages : Creusets, crayons, peinture, galvanoplastie.

Porphyres.

Assimilés aux marbres, n° 175.

ORIGINE : Belgique, Allemagne, France, etc.

Le porphyre est une roche compacte assez dure, dans laquelle sont disséminés des cristaux de feldspath.

Le porphyre vert (cailloux dits « *macadam* ») est une variété de porphyre qui contient des cristaux d'amphibole. On le tire en Belgique aux environs de Quenast et on en importe par les frontières du Nord des quantités considérables. Ces cailloux sont très durs et servent dans les départements de l'Aisne, de la Somme et de l'Oise, à l'empierrement des routes.

Généralement les porphyres sont rougeâtres ; leur pâte est rarement d'une teinte uniforme : on y trouve également des cristaux de quartz; leur structure est variable : on connaît des porphyres celluleux, compacts et cristallins.

Potasse ordinaire, n° 242.

(POTASSE CAUSTIQUE, PIERRE A CAUTÈRE)

Matière solide, blanche, très avide d'eau. Se conserve dans des flacons soigneusement bouchés.

La potasse dissout et corrode les matières organiques.

La laine et la soie se dissolvent facilement à chaud dans une solution de potasse.

Elle verdit le sirop de violettes et fait effervescence

avec tous les acides. Elle ramène au bleu le tournesol rougi par un acide. Elle est déliquescente à l'air. *C'est un poison violent.* Elle est très employée dans l'industrie.

Potasse caustique à l'alcool.

Produit chimique non dénommé autre, n°.282.

Solide, blanc, très caustique, très déliquescente. On l'importe en vases clos. Même en solution, elle suit le régime de la potasse caustique en morceaux. Il s'agit ici de la potasse chimiquement pure employée dans les laboratoires. Mêmes propriétés que la potasse ordinaire.

Valeur : 240 fr. les 100 kilos.

Potassium.

Produit chimique non dénommé autre, n° 282.

Mou à la température ordinaire. Nouvellement coupé il a l'éclat de l'argent. C'est un métal qui s'oxyde rapidement. Se conserve dans l'huile de naphte ou la benzine.

Lorsqu'on jette un morceau de potassium dans l'eau, il y a décomposition et le métal semble brûler avec une flamme pourpre. En réalité c'est l'hydrogène qui brûle. Il faut faire cette expérience dans une éprouvette profonde avec peu d'eau et couvrir l'orifice du vase avec une feuille de papier, car il peut y avoir projection de potasse à la fin de l'expérience.

Valeur : 100 grammes, 9 fr. 50; le kilo, 87 fr. 50.

Propylamine.

Produit chimique non dénommé autre, n° 282.

Liquide incolore, très mobile, odeur ammoniacale caractéristique. Se mélange avec l'eau en dégageant de la chaleur. Bout à 50 degrés.

Sa solution aqueuse donne des précipités dans les sels de fer, de cuivre, de plomb, de nickel, de mercure. Ces précipités sont insolubles dans un excès de réactif.

Valeur : 12 fr. 50 le kilo.

Pyrolignite de chaux, n° 271 bis.

C'est l'acétate de chaux impur obtenu par la saturation du vinaigre de bois par la chaux. Il est vendu en masses grises ou brunes ; il a une odeur empyreumatique qui rappelle la créosote du goudron de bois.

Pyrolignite de plomb, n° 271 bis.

C'est l'acétate de plomb impur fabriqué avec le vinaigre de bois non purifié.

Il est coloré en jaune et a une odeur empyreumatique qui rappelle son origine.

Ne pas le confondre avec l'acétate de plomb pur qui est repris au n° 256. (V. ces mots).

Quassine.

Produit chimique non dénommé à base d'alcool, n° 282.

Se présente à l'état amorphe ou à l'état cristallisé. Se retire du bois de Surinam et du quassia de la Jamaïque. La quassine cristallisée est en lamelles rectangulaires, incolores, très amères, solubles dans l'alcool. Elle jaunit à l'air.

La quassine amorphe est en morceaux ou en poudre jaune.

Valeur : 40 centimes le gramme.

Quercitron, n° 152.

On importe cette écorce concassée en fragments. La matière colorante jaune qu'elle renferme est assez soluble dans l'eau. La solution obtenue est légèrement rougeâtre, amère et astringente. Elle fait passer au rouge le papier bleu de tournesol.

L'acétate de plomb et le protochlorure d'étain la précipitent en roux. Les alcalis en foncent la teinte.

ORIGINE : Amérique.

Usages : Teinture.

Quinine.

Produit chimique non dénommé autre, n° 282.

Poudre blanche, saveur très amère, peu soluble dans l'eau chaude et dans l'alcool. Ramène au bleu le tournesol.

La potasse et la soude précipitent la quinine de ses dissolutions. L'acide sulfurique concentré dissout la quinine sans la colorer; à chaud il y a coloration rouge.

La quinine est soluble dans l'éther; c'est ce qui la distingue de la cinchonine. (V. ce mot.)

Valeur : Brute 15 centimes le gramme.
Pure, 25 centimes le gramme.

Résine copal.

Résineux exotiques, nº 115 quater.

(COPAL, GOMME COPAL)

ORIGINE : Amérique, Indes.

Le copal est translucide à la surface et transparent à l'intérieur ; il est assez fragile et sa cassure est résineuse.

Il est presque inodore à froid ; mais quand on chauffe cette résine, elle répand des vapeurs odorantes aromatiques.

Le copal est jaunâtre. On trouve parfois dans la gomme copal des débris d'insectes et de plantes.

L'essence de térébenthine dissout le copal à chaud et forme un liquide visqueux appelé « vernis-copal ».

Voir les notes, page 212, pour les variétés de copal et les origines.

Résine de gaïac.

Résineux exotiques, nº 115 quater.

ORIGINE : Amérique méridionale.

On l'importe en masses brunes ou verdâtres très friables. Elle renferme parfois des débris de végétaux. Sa saveur est âcre et brûlante. Son odeur rappelle le benjoin et sa vapeur excite la toux.

La solution alcoolique de gaïac est précipitée en vert par l'acide sulfurique, en bleu par le chlore et en blanc par l'eau. Cette résine est soluble dans l'essence de térébenthine.

Résine de jalap.

Résineux exotiques, n° 115 quater.

ORIGINE : La racine de jalap qui sert à fabriquer cette résine est originaire d'Amérique.

C'est une matière friable qui donne une poudre blanche ou jaunâtre. On importe parfois cette résine à l'état fluide. Sa saveur est irritable, nauséabonde et particulière.

(V. Jalap.)

Résorcine.

Produit dérivé des produits de la distillation de la houille, n° 280.

Soluble dans l'eau, l'alcool et l'éther. Insoluble dans le chloroforme. Cristallise en prismes. Saveur désagréable, à la fois amère et sucrée. Sa solution aqueuse donne avec le chlorure de fer une coloration violet foncé. La résorcine se dissout dans l'acide sulfurique fumant avec une coloration jaune-orange qui passe peu à peu au vert, puis, au bout de 30 minutes, à un très beau bleu.

Rocou.

Autres racines, n° 157.

ORIGINE : Amérique centrale.

Cette matière colorante s'extrait du fruit du roucouyer. On l'importe en pains ou en boules ; des feuilles de bananier servent généralement d'emballage.

Le rocou est rouge à l'intérieur et brun à l'extérieur ; il est doux au toucher ; sa saveur est désagréable.

Quand on fait dissoudre le roucou dans la potàsse et qu'on sature avec un acide, là matière colorante se dépose et elle devient jaune quand on la traite par le chlorure d'étain, bleue quand on l'attaque par l'acide sulfurique concentré.

Le rocou en boules (rocou préparé) ou en tablettes est repris au n° 290.

Usages : Teinture et peinture.

Saccharine, n° 281.
(SUCRE DE HOUILLE, SYCOSE)

Poudre blanche, légère, amorphe. Cristallise en prismes courts et épais. Elle est un peu soluble dans l'eau à froid. Se dissout facilement dans l'eau chaude dans l'alcool, l'éther et la glycérine.

Sa saveur est d'abord amère, puis devient peu à peu sucrée, et on conserve longtemps sur la langue cette saveur agréable.

Son pouvoir sucrant est égal à 280 fois celui du sucre de betterave.

La prohibition frappe ce produit sous toutes ses formes, quelque minime que soit la quantité présentée. (Décision du 10 juillet 1893. Elle atteint également les substances saccharinées.)

Voir, page 640 des notes, le procédé employé pour rechercher la saccharine (Lettre commune n° 928).

Voir circulaire n° 3247 du 28 avril 1902, pour le régime à l'intérieur et à l'exportation.

Safran.

Autres racines, n° 157.

ORIGINE : Asie, Italie.

On l'importe en filaments jaunâtres, élastiques qu'on peut reconnaitre plus facilement en les ramollissant avec de l'eau : on aperçoit alors l'extrémité dentelée des stigmates de la plante.

La saveur du safran est amère. Sa couleur est d'un beau jaune et son odeur est suave. La matière colorante de cette plante est plus soluble dans l'eau chaude que dans l'eau froide ; soluble dans l'éther et dans l'alcool. Voici les réactifs de sa solution :

A. Avec l'acide azotique : coloration verte.

B. Avec l'acide sulfurique : coloration bleu foncé.

C. Avec le sulfate de fer : coloration noire.

Usages : Teinture. Médecine.

Safre, n° 239.

ORIGINE : Allemagne, Autriche.

C'est un oxyde de cobalt impur siliceux qu'on obtient en grillant les minerais de cobalt. Il renferme de l'oxyde de cobalt, de l'arsenic et de l'oxyde de manganèse. Il se transforme en smalt par la fusion. (V. ce mot.)

Sagou, n° 78.

ORIGINE : Indes, îles Moluques.

Le sagou est la fécule d'un palmier qu'on importe généralement sous forme de grains irréguliers, durs, translucides, d'une couleur qui varie entre le jaune et le rouge.

Les grains de sagou se ramollissent et deviennent transparents dans l'eau chaude.

A l'état sec, ils sont inodores et leur saveur est fade.

Usages : Produits alimentaires. Médecine.

Saindoux, nº 30.

C'est la graisse de porc. En pannes ou fondu, même droit. Les saindoux d'Amérique sont généralement importés dans des tierçons cerclés en érable. Ils ont une teinte rougeâtre ; pâte lisse et ferme.

Les saindoux pour usages industriels doivent être dénaturés en présence du service. Ils sont alors admis en franchise. Voir page 46 des notes.

Salep, nº 78.

Origine : Orient.

Le salep est une bulbe desséchée qui renferme de la gomme et de l'amidon. Ces bulbes sont enfilées et passées à l'eau bouillante ; on les importe dans cet état. Elles ont la grosseur du pouce.

Le salep est d'un gris sale, translucide, et sa cassure est particulière. Inodore. Saveur fade.

Ce produit forme une bouillie épaisse dans l'eau chaude.

Salicine.

Produit chimique non dénommé autre, nº 282.

S'extrait de l'écorce du saule. Produit blanc très amer ; petites aiguilles brillantes solubles dans l'eau et dans l'alcool. L'acide sulfurique colore la salicine en rouge ; la couleur disparaît si on ajoute de l'eau. Si le mélange est chauffé, il se forme une matière résinoïde, la salirétine.

Valeur : 40 fr. le kilo.

Salin de betteraves, nº 244.

S'obtient par la calcination des vinasses de betteraves. C'est un produit complexe, qui renferme du carbonate et du sulfate de potasse, du chlorure de potassium et du carbonate de soude. Traité par l'acide chlorhydrique, il donne une solution qui précipite en jaune par le chlorure de platine concentré.

Salol.

Produit dérivé des produits de la distillation de la houille, nº 280.

Poudre blanche cristalline insoluble dans l'eau ; soluble dans l'alcool et dans l'éther. Fond à 43 degrés.

Sandaraque.

Résineux exotiques, nº 115 quater.

Origine : Afrique.

Larmes allongées d'un jaune très pâle, recouvertes

d'une poussière très fine. Odeur faible ; saveur nulle, cassure vitreuse. Forme un vernis en solution alcoolique. La sandaraque pulvérisée forme une poudre blanche.

La sandaraque se réduit en poudre sous la dent sans se ramollir.

Sang-dragon.
Résineux exotiques, n° 115 quater.

ORIGINE : Amérique, Indes.

Cette résine est importée soit sous forme de grains ou chapelets, soit de morceaux cylindriques qui renferment généralement des débris de végétaux.

On enveloppe ce produit dans des feuilles de palmier pour le transport.

Cette résine est rougeâtre, sa cassure est vitreuse, et on peut la réduire en poudre. Elle est peu odorante. Elle est soluble dans l'alcool et les huiles et sa solution est d'un rouge violet.

Sassafras.
Bois odorants, n° 139.

ORIGINE : Amérique.

On utilise en médecine le bois de sassafras pour ses propriétés odorantes.

On importe généralement la racine telle qu'on la tire du sol. Elle a la grosseur du bras ; elle est rouge à l'intérieur ; son odeur est très forte et très aromatique ; saveur âcre.

La racine suit le même régime que le bois.

Savons ordinaires.

Savons autres que de parfumerie, n° 313.

Il s'agit ici des savons ordinaires alcalins. Dans le commerce, on vend deux sortes de savons :

A. *Savons durs* : ce sont les savons de soude, savons blancs, savons marbrés.

B. *Savons mous* : ce sont les savons à base de potasse, savons noirs, savons verts.

Le tarif traite uniformément tous ces savons, qu'ils soient en blocs, en morceaux, en boules, en poudres ou à l'état liquide.

On a parfois essayé d'introduire sous le nom de « savon de chaux » de l'huile minérale lourde épaissie par une petite quantité de savon de chaux. La saveur et la combustibilité du produit peuvent déjouer cette fraude. Le laboratoire consulté donne les proportions du mélange.

Scories phosphatées.
(SCORIES DE DÉPHOSPHORATION)

Engrais chimiques, n° 281 bis.

Les scories de forge provenant du traitement des fontes phosphoreuses par le procédé Bessemer renferment généralement de 10 à 20 0/0 d'acide phosphorique. On les réduit en poudre fine et on les livre dans cet état à l'agriculture comme engrais.

Les scories de déphosphoration sont importées dans des petits sacs de 50 kilos ou de 100 kilos ; leur aspect varie du jaune au noir. Elles sont très denses, inodores ; elles croquent sous la dent.

Sels d'alumine.

A. La potasse ou la soude précipitent les sels d'alumine. Ce précipité est soluble dans un excès d'alcali.

B. Chauffés au chalumeau avec l'azotate de cobalt, ils donnent une perle bleue caractéristique.

C. Les carbonates alcalins précipitent ces sels ; mais le précipité est soluble dans les acides.

Sels ammoniacaux.

A. Saveur piquante ; solubles dans l'eau.

B. Chauffés dans un tube à essai avec de la potasse ou de la soude, ils abandonnent leur ammoniaque. On reconnaît facilement ce gaz à son odeur et on peut le caractériser en présentant à l'ouverture du tube à essai une baguette imbibée d'acide chlorhydrique ; il se forme d'abondantes fumées blanches.

C. Les sels ammoniacaux donnent un précipité jaune dans le bichlorure de platine.

Sels d'antimoine.

A. Leur réaction est acide et l'eau versée en excès les décompose de leurs dissolutions.

B. La potasse et la soude donnent un précipité blanc soluble dans un excès de réactif. Avec l'ammoniaque on obtient un précipité insoluble dans un excès d'alcali.

C. L'hydrogène sulfuré ou le sulfhydrate d'ammoniaque donnent un précipité jaune caractéristique.

D. Une lame de fer ou de zinc bien décapée précipite l'antimoine de ses solutions sous la forme d'une poudre noire.

Sels d'argent.

A. Sont généralement incolores.

B. Les sels solubles donnent un précipité blanc caractéristique caillebotté avec l'acide chlorhydrique. Ce précipité est soluble dans l'ammoniaque et dans l'hyposulfite de soude.

C. Ils donnent avec les arséniates solubles un précipité rouge brique.

D. L'acide sulfhydrique et le sulfhydrate d'ammoniaque donnent un précipité noir insoluble dans un excès de réactif.

Sels de baryte.

A. L'acide sulfurique donne dans les sels solubles un précipité blanc insoluble.

B. Les carbonates alcalins précipitent en blanc les sels solubles.

C. La flamme de l'alcool est colorée en vert par ces sels.

Sels de bismuth.

A. Sels incolores. L'acide sulfhydrique donne un précipité noir.

B. Les alcalis y déterminent un précipité blanc insoluble dans un excès de réactif.

C. Une lame de fer précipite le bismuth de ses dissolutions sous forme d'une poudre grise.

Sels de chaux.

A. Les sels solubles donnent avec l'oxalate d'ammoniaque un précipité insoluble dans l'eau et soluble dans l'acide chlorhydrique.

B. Les carbonates alcalins précipitent également ces sels. Le précipité est soluble dans l'acide chlorhydrique.

C. L'acide sulfurique précipite les solutions concentrées.

D. Colorent en rouge la flamme de l'alcool.

Sels de chrome.

A. Sont généralement colorés en vert ou en rouge.

B. Quand on fond un sel de chrome avec du salpêtre, il se forme un chromate qui donne un précipité jaune avec l'acétate de plomb.

C. L'ammoniaque précipite ces sels en vert-gris. Si le sel de chrome à essayer est vert, ce précipité est insoluble dans un excès d'alcali ; s'il est violet, le précipité se dissout en colorant en rouge la solution.

Sels de cobalt.

A. A l'état hydraté ces sels ont une coloration qui varie du rose au rouge. Anhydres, ils sont d'un beau bleu.

B. Leur réaction est acide : ils font passer au rouge le tournesol ; saveur astringente.

C. La potasse ou la soude donnent un précipité bleu. Si l'alcali est en excès, il devient rose et brunit à l'air.

D. L'ammoniaque donne un précipité bleu, soluble dans un excès d'alcali.

E. Calcinés avec du borax, ils donnent une masse bleue.

Sels de cuivre.

A. Hydratés, sont généralement colorés. Ils font passer au rouge le papier de tournesol.

B. La potasse donne un précipité d'un bleu-vert.

C. L'ammoniaque donne un précipité soluble dans un excès de réactif. La liqueur prend alors une coloration d'un beau bleu.

D. Le sulfhydrate d'ammoniaque donne un précipité noir insoluble dans un excès de réactif.

Sels d'étain.

A. Le sulfhydrate d'ammoniaque donne un précipité noir dans les sels stanneux, et jaune dans les sels stanniques.

B. Les sels d'or donnent avec les sels stanneux un précipité pourpre ; la coloration est presque nulle avec les sels stanniques.

C. Quand on ajoute un peu d'acide chlorhydrique dans une solution d'un sel d'étain dans laquelle on a plongé une lame de zinc décapée, on obtient l'étain sous forme spongieuse à l'état de précipité sur la lame de zinc.

Sels de fer.

1º Sels de protoxyde.

A. Verts à l'état hydraté et blancs quand ils sont anhydres.

B. Leurs solutions ont une saveur styptique et astringente.

C. Les alcalis y donnent un précipité verdâtre qui se transforme en rouille.

D. Le sulfhydrate d'ammoniaque donne un précipité noir, et le cyanure jaune un précipité bleu.

2º Sels de sesquioxyde.

A. Sont jaunes ou rouges.

B. Les alcalis y donnent un précipité jaune rougeâtre.

C. La noix de galle donne un précipité noir.

Sels de magnésie.

A. Quand ils sont à l'état de pureté, ils sont précipités par la potasse.

B. L'ammoniaque donne un précipité soluble dans un excès d'alcali.

C. L'acide phosphorique ou le phosphate de soude donnent un précipité quand le sel est additionné d'ammoniaque.

Sels de manganèse.

A. Incolores ou légèrement colorés en rose.

B. Quand on fait fondre un sel de manganèse avec du carbonate de potasse ou du carbonate de soude, il se forme un manganate alcalin qui a la propriété de colorer l'eau en vert.

C. Le sulfhydrate d'ammoniaque donne un précipité couleur chair dans les sels de manganèse.

D. La potasse donne un précipité blanc qui brunit à l'air.

Sels de mercure.

A. Les sels neutres sont incolores ; les sels basiques sont jaunes.

B. Une lame décapée de zinc ou de cuivre se couvre d'une tache d'amalgame dans les solutions de ces sels.

C. Les sels de sous-oxyde donnent avec la potasse un précipité noir. L'acide sulfhydrique donne la même réaction.

D. L'iodure de potassium donne un précipité vert ; les chlorures alcalins, un précipité blanc.

E. Les sels de protoxyde donnent avec la potasse un précipité jaune, et avec l'iodure de potassium un précipité rouge.

F. L'acide sulfhydrique versé lentement produit un précipité jaune qui brunit peu à peu et devient noir.

Sels de nickel.

A. Les sels solubles sont verts ; anhydres, ils sont jaunâtres.

B. La potasse donne un précipité vert-pomme.

C. Le sulfhydrate d'ammoniaque, un précipité noir.

D. Le prussiate jaune, un précipité vert-pomme.

Sels d'or.

A. L'hydrogène sulfuré donne un précipité insoluble dans un excès de réactif.

B. Le sulfhydrate d'ammoniaque, un précipité soluble dans un excès de réactif.

C. Le sulfate de protoxyde de fer précipite l'or à l'état métallique.

D. Un mélange de protochlorure et de bichlorure d'étain produit un très beau précipité caractéristique.

Sels de platine.

A. Précipité jaune avec le chlorure de potassium.

B. Le chlorhydrate d'ammoniaque donne également un précipité.

C. Précipité noir avec le sulfhydrate d'ammoniaque.

Sels de plomb.

La plupart de ces sels sont insolubles ; mais avec les sels solubles on obtient les réactions suivantes :

A. Précipité noir avec le sulfhydrate d'ammoniaque.

. B. Précipité soluble dans un excès de réactif avec la potasse.

C. Précipité insoluble dans un excès de réactif avec l'ammoniaque.

D. Précipité jaune avec l'iodure de potassium.

E. Précipité jaune avec le bichromate de potasse, qui passe au rouge orangé si on ajoute un peu d'ammoniaque.

F. Précipité blanc avec l'acide sulfurique, chlorhydrique et les sulfates alcalins.

Sels de potasse.

A. Ne précipitent ni par l'acide sulfhydrique, ni par le sulfhydrate d'ammoniaque, ni par les carbonates alcalins.

B. En dissolutions concentrées, ils donnent avec les acides picrique ou tartrique un picrate ou un tartrate cristallin.

C. Le bichlorure de platine donne un précipité jaune caractéristique.

D. Un fragment de sel de potasse mis au bout d'un fil de platine et humecté d'acide chlorhydrique donne à la flamme de l'alcool une coloration violette.

Sels de quinine, nº 274.

Acétate.—Longues aiguilles soyeuses. Peu solubles

dans l'eau froide ; chauffées, elles fondent en prenant l'aspect d'un verre incolore.

ARSÉNIATE. — Longs prismes incolores solubles dans l'eau bouillante.

CITRATE. — Blanc. Cristallise en aiguilles déliées, peu solubles.

CHLORHYDRATE. — Longues fibres soyeuses solubles dans l'acide chlorhydrique. Le bichlorure de platine y détermine un précipité blanc cotonneux.

VALÉRIANATE. — Octaèdres ou prismes hexagonaux en masses soyeuses, saveur amère. (V. les notes pour taxe de dénaturation.) Voir également l'article « Sulfate de quinine » pour les caractères généraux des sels de quinine.

Sels de soude.

A. Présentent tous les caractères des sels de potasse, mais ne précipitent pas en jaune par le bichlorure de platine.

B. Colorent la flamme d'un bec Bunsen en jaune.

Sels de strontiane.

A. Précipité blanc avec l'acide sulfurique.

B. Précipité blanc avec les sulfates doubles alcalins.

C. Il existe un moyen de distinguer les sels de strontiane des sels de baryte : les sels de baryte solubles donnent un précipité dans les sels de strontiane, et les sels de strontiane ne produisent rien dans les sels de baryte.

Sels de zinc.

A. Généralement incolores.

B. Précipité blanc soluble dans un excès de réactif avec la soude, la potasse ou l'ammoniaque.

C. Le sulfhydrate d'ammoniaque précipite ces sels quand leurs solutions sont neutres.

D. Chauffés au chalumeau avec du carbonate de soude sur un morceau de charbon de bois, les sels de zinc donnent un enduit jaune à chaud et blanc à froid.

Mouillé avec une solution d'azotate de cobalt, cet enduit devient vert par une nouvelle calcination.

Sélénium.

Produit chimique non dénommé autre, n° 282.

Solide. Poudre d'un beau rouge, ou en masses amorphes miroitentes, à cassures vitreuses d'un gris de plomb.

On peut le rayer au couteau ; il est cassant comme le verre et on le pulvérise facilement.

Insoluble dans l'eau. Soluble dans l'acide sulfurique qu'il colore en vert.

Valeur : En cylindres, 150 fr. le kilo ;

En poudre, sublimé, pour l'industrie, 135 fr. le kilo.

Serpentine.

Assimilé aux marbres, n° 175.

Origine : Italie, Allemagne, Belgique.

Ophite. — C'est un silicate de magnésie hydraté. Roche tendre, douce au toucher ; cassure écailleuse. Elle est généralement opaque, parfois translucide. Sa couleur varie du jaune au vert. On ne peut la fondre au chalumeau. La serpentine noble est une belle variété de cette roche ; elle est translucide et d'un beau vert : on en fait des vases et des pendules.

Silicate de potasse, nº 272.

A. Silicate anhydre (*Verre soluble*). — Se présente sous la forme de plaques translucides légèrement verdâtres, insolubles dans l'eau froide, solubles à chaud.

Exposé longtemps à l'air, le silicate anhydre se fendille en attirant l'humidité ambiante.

B. Silicate cristallin. — C'est le produit de la cristallisation du silicate hydraté: Peu employé.

C. Silicate hydraté. — Il se présente en solution aqueuse qui marque généralement 35 degrés à l'aréomètre Baumé.; il sert comme colle à raccommoder la pierre et le verre. Solution alcaline. Elle est précipitée par les acides, par les carbonates alcalins, les chlorures, et surtout par le chlorhydrate d'ammoniaque. Les sels métalliques y forment des précipités volumineux.

Silicate de soude, nº 272.

Silicate anhydre. — Se présente en masses vitreuses, transparentes ou légèrement teintées. Soluble dans l'eau chaude.

Solutions alcalines qu'il est facile de caractériser. (V. Silicate de soude hydraté et Sels de soude.)

SILICATE CRISTALLIN. — C'est le produit de la cristallisation du silicate hydraté. Peu employé.

SILICATE HYDRATÉ.—Il est généralement sous forme de solution aqueuse. C'est un sirop épais qui marque au moins 50 degrés à l'aréomètre Baumé. Il est très soluble dans l'eau.

L'acide chlorhydrique donne un précipité gélatineux dans ses solutions concentrées. L'ammoniaque produit un dépôt de silice gélatineux qui se redissout si on chauffe.

Smalt, n° 239.

ORIGINE : Autriche, Saxe, Allemagne.

C'est un verre coloré à l'oxyde de cobalt. On peut faire l'essai du smalt en le pulvérisant convenablement : il a alors la propriété de l'azur (V. ce mot). On importe le smalt en gâteaux ou en cônes.

Usages : Poteries. Porcelaines. Emaux.

Sodium.

Produit chimique non dénommé autre, n° 282.

Métal mou, éclat brillant lorsqu'il est fraîchement coupé. Se conserve dans l'huile de naphte. Exposé à l'air humide, il se transforme peu à peu en carbonate de soude efflorescent. Le potassium a le même caractère ; mais il se transforme en sel déliquescent.

Projeté dans une éprouvette contenant un peu d'eau,

il s'enflamme en brûlant avec flamme *jaune* (le potassium brûle avec flamme rouge). Il faut éviter les projections en recouvrant l'éprouvette d'une feuille de papier.

Valeur : 4 fr. 50 le kilo.

Soude caustique, n° 246.

S'importe en masses d'un blanc grisâtre. Elle se liquéfie à l'air et s'effleurit en une poudre blanche de carbonate de soude.

C'est une base énergique qui attaque les matières organiques.

Elle ramène au bleu le tournesol et se combine facilement avec les acides pour former des sels.

C'est un poison violent.

Soude de varech, n° 245.

A l'état brut, elle est en morceaux noirâtres, pesants, irréguliers, raboteux et criblés de trous. La soude de varech raffinée est en poudre d'un blanc mat.

C'est un produit assez complexe qui renferme du sel marin, du chlorure de potassium, du sulfate de potasse et un peu d'iodure de potassium.

Il faut veiller à ce qu'on n'importe pas sous cette dénomination des résidus salins riches en iodures.

Soufre, n° 189.

Origine : Sicile, Italie, Islande.

Solide, jaune citron ; dégage odeur d'ozone par le frottement. Fond facilement. Soluble dans l'essence de térébenthine, la benzine et le sulfure de carbone.

Brûle avec flamme bleue en dégageant de l'acide sulfureux. Quand on serre fortement un morceau de soufre en canon dans la main, on entend des craquements particuliers. Le soufre non épuré renferme toujours de la gangue et des matières terreuses.

Usages : Préparation de l'acide sulfureux, de l'acide sulfurique, des allumettes. Blanchiment de la laine et de la paille. Vulcanisation du caoutchouc. Pyrotechnie. Médecine. Maladie de la vigne, etc.

Strontiane.

Produit chimique non dénommé autre, n° 282.

Matière caverneuse et grise comme la baryte. Si on verse de l'eau sur la strontiane, il y a production de chaleur. Se carbonate facilement à l'air et attire l'humidité. La solution de strontiane est incolore, alcaline, avide d'acide carbonique qui en précipite le carbonate, qu'il est facile de caractériser. (V. Sels de strontiane.)

Valeur : Chimiquement pure, 3 fr. 75 le kilo.

Pour l'industrie, cristallisée, 36 fr. 50 les 100 kilos, par quantité de 1000 kilos.

Note. Le droit spécifique a été fixé à 1 franc par 100 kil. pour l'HYDRATE DE STRONTIANE, et à 1 fr. 25 pour le CARBONATE DE STRONTIANE ARTIFICIEL. (22 juillet 1885.)

Strychnine et ses sels.

Produit chimique non dénommé à base d'alcool, n° 282.

C'est un alcaloïde solide, inodore, inaltérable à l'air. Cristallise. Peu soluble dans l'eau.

Une dissolution de strychnine dans l'acide sulfurique à laquelle on a ajouté du bichromate de potasse, prend une teinte violette de couleur vive. *C'est un poison violent.*

Valeur : 20 centimes le gramme.

Succin, n° 196.

(AMBRE JAUNE)

ORIGINE : Mer Baltique, Allemagne.

A l'état brut, s'importe sous forme de gros rognons tantôt transparents, tantôt opaques, jaunâtres ou bruns. Il s'électrise par le frottement sur la laine. Il est plus lourd que l'eau : il a l'aspect de la résine copal.

Fondu, il répand des vapeurs aromatiques très inflammables. Il prend feu facilement ; il est peu soluble dans les huiles essentielles et dans l'alcool.

Il s'agit ici du succin brut.

Sucre de lait, n° 329.

(LACTOSE, LACTINE)

Il est généralement vendu dans le commerce sous forme d'une agglomération de petits cristaux sur un petit bâton de bois. Saveur légèrement sucrée. Croque sous la dent. Peu soluble dans l'eau, dans l'éther et dans l'alcool.

Usages : Falsification des cassonades. Médecine.

Sulfates,

Caractères généraux :

A. Quand on verse dans un sulfate soluble une solution de chlorure de baryum, il se forme un précipité blanc de sulfate de baryte.

B. Les sulfates sont généralement solubles, (Exceptions : sulfates de baryte, de strontiane, de chaux, d'argent.)

C. Sont décomposables par la calcination. (Exceptions : sulfates de soude, de potasse, de magnésie, de plomb.)

D. Chauffés avec un mélange de soude et de charbon, les sulfates insolubles se transforment en sulfures alcalins.

Sulfate d'alumine, n° *273.*

Soluble dans l'eau, peu soluble dans l'alcool. Sel très acide ; ramène au rouge le tournesol. Se décompose par la calcination ; on obtient comme résidu de l'alumine.

Il cristallise difficilement en petites lames minces flexibles et d'un éclat nacré. Saveur sucrée, puis astringente. On l'importe en masses amorphes.

On doit veiller à ce qu'on ne déclare pas ce produit comme hydrate d'alumine. (V. cet article.)

Usages : Fabrication de l'alun. Papeterie, teinture et impression.

Sulfate d'ammoniaque, n° 252.

Présente la même cristallisation que le sulfate de potasse. Très soluble dans l'eau. Fond vers 145 degrés. A l'état pur, il est en cristaux transparents, prismatiques ; sa saveur est amère et piquante. Il est insoluble dans l'alcool.

Calciné, il fond en décrépitant et se décompose en abandonnant son ammoniaque.

Le sulfate d'ammoniaque pour engrais est importé généralement en sacs ; il est impur et souvent verdâtre.

Usages : Pur : Médecine.

Impur : Engrais. Préparation du chlorhydrate.

Sulfate de baryte.
(SPATH PESANT)

A L'ÉTAT NATUREL : *Régime des pierres et terres servant aux arts, n° 179 ter.*

A L'ÉTAT PUR : *Produit chimique non dénommé autre, n° 282.*

Valeur : 1 fr. 10 le kilo.

A. SULFATE NATUREL. — Se rencontre en Allemagne, en Autriche et en France en quantités considérables. C'est un produit blanchâtre ou jaunâtre, très dense, souvent mélangé à d'autres matières. Parfois cristallisé (assez rare), tantôt amorphe. Sa densité est $4^k 5$.

On a essayé d'importer un mélange de ce produit

6*

avec de la céruse (carbonate de plomb). Il est facile de constater la fraude : on pèse 5 grammes de sulfate présenté qu'on place dans une capsule de porcelaine et on y verse de l'acide azotique. La céruse se dissout et le sulfate de baryte reste à l'état de précipité. On filtre et on pèse ce précipité à l'état sec. Par déduction on obtient les proportions du mélange.

B Sulfate pur. — Se prépare en traitant le carbonate de baryte par l'acide sulfurique.

Usages : Peinture, apprêt des tissus, papiers peints, fondant en métallurgie. Fabrication du sulfure de baryum par le charbon.

Sulfate de chaux, n° 184.
(PLATRE, GYPSE)

Le plâtre est une poudre blanche un peu plus soluble dans l'eau que le carbonate de chaux.

En mélangeant convenablement de l'eau et du plâtre à parties égales, on obtient une pâte qui se durcit très vite et avec laquelle on peut prendre des empreintes. Le sulfate de chaux artificiel est considéré comme plâtre.

Le gypse est la pierre à plâtre à l'état cristallin ; elle se divise facilement en lamelles ; elle suit le même régime que le plâtre cuit. .

Usages : Constructions, moulages, engrais.

Sulfate de cinchonine.
Produit chimique non dénommé autre, n° 282.

Cristaux durs et transparents, solubles dans l'eau et dans l'alcool, insolubles dans l'éther.

Chauffés à 100 degrés, ils deviennent fluorescents. Chauffés à une température plus élevée, ils se décomposent en laissant un résidu d'un beau rouge.

Valeur : 12 fr. le kilo.

Sulfate de cuivre, n° 273.

(VITRIOL BLEU, COUPEROSE BLEUE)

Cristaux volumineux d'un très beau bleu, très solubles dans l'eau. Ce sel perd son eau de cristallisation à l'air et devient opaque et légèrement blanc.

Par la calcination il devient franchement blanc et, si on pousse l'opération, il se décompose en donnant comme résidu de l'oxyde de cuivre. Sa saveur est métallique, désagréable.

Il donne un précipité noir avec le sulfhydrate d'ammoniaque.

L'ammoniaque donne un précipité blanc qui se dissout dans un excès de réactif en formant une liqueur d'un beau bleu.

Le cyanure de potassium donne également un précipité.

Usages : Teinture, chaulage des blés, galvanoplastie, médecine.

Sulfate de fer, n° 273.

(VITRIOL VERT, COUPEROSE VERTE)

Cristaux d'un beau vert; se recouvrent d'une couche blanche quand on les expose longtemps à l'air. Saveur astringente particulière Soluble dans l'eau;

insoluble dans l'alcool. Par la calcination il perd son acide sulfurique et donne du sesquioxyde de fer.

Il est précipité de ses solutions : en blanc, par le chlorure de baryum; en blanc verdâtre, par le cyanure jaune ; en noir, par la noix de galle ; en jaune, par les alcalis au contact de l'air.

Usages : Teinture, fabrication de l'encre, de l'acide sulfurique de Nordhausen, du bleu de Prusse, etc. Médecine.

Sulfate double de fer et de cuivre, n° 273.

(VITRIOL D'ALMONDE OU DE SALZBOURG)

Ce sel est d'un bleu verdâtre en cristaux volumineux prismatiques à base oblique, toujours humides. Sa composition chimique est assez variable.

Sulfate de magnésie, n° 273.

(SEL DE SEDLITZ, SEL D'ANGLETERRE, SEL D'EPSOM)

Sel incolore qu'on peut décomposer par la calcination : le résidu est de la magnésie. Ce sel est très soluble dans l'eau. Saveur amère caractéristique. Il est précipité de ses solutions par la soude, la potasse ou l'ammoniaque, qui donnent la magnésie à l'état d'hydrate blanc, insoluble dans un excès de base.

Usages : Purgatif (30 grammes).

Sulfates de manganèse.

Produits chimiques non dénommés autres n° 282.

On connaît deux sulfates :

A. SULFATE DE PROTOXYDE. — Cristaux d'un beau rose très solubles dans l'eau. (V. Sels de manganèse.)

B. SULFATE DE SESQUIOXYDE. — Poudre d'un vert foncé. Au contact de l'air ce sel tombe en déliquescence et fournit une liqueur violette épaisse. (V. Sels de manganèse.)

Valeur : Pur, 145 fr. les 100 kilos.

Pour l'industrie, 50 fr. les 100 kilos.

Sulfates de mercure.

Produits chimiques non dénommés autres, n° 282.

Nous citerons les deux sulfates :

A. SULFATE DE PROTOXYDE.— Blanc. Cristaux en prismes solubles dans l'eau. L'acide azotique le dissout et l'acide sulfurique le précipite de cette solution.

B. SULFATE DE BIOXYDE. —. Poudre blanche soluble dans l'acide sulfurique ; cristallise en petites aiguilles blanches. L'eau le décompose et donne naissance à un sous-sulfate d'un jaune citron pulvérulent appelé turbith minéral.

Valeur : (Deuto) pour la télégraphie, 545 fr. les 100 kil.

(Proto), 9 fr. 25 le kilo.

Sulfates de nickel.

Produits chimiques non dénommés autres, n° 282.

Nous citerons :

A. LE SULFATE BASIQUE. — Peu soluble dans l'eau ; réaction alcaline.

B. LE SULFATE ORDINAIRE. — Il est d'un beau jaune

clair lorsqu'il est anhydre ; il est soluble dans l'eau. Hydraté, il est vert émeraude. (V. Sels de nickel.)

C. Le sulfate ammoniacal. — Il est en poudre d'un violet pâle, soluble dans l'eau qu'il colore en bleu. Chauffé, il dégage de l'ammoniaque.

Valeur : 125 fr. les 100 kilos.

Anhydres, 275 fr. les 100 kilos.

Sulfate de plomb.

Sels de plomb, n° 255 bis.

Ce sel est insoluble ; mais il se dissout peu à peu dans les solutions acides et principalement dans l'acide sulfurique.

Traité à chaud par l'acide chlorhydrique concentré, il donne du chlorure de plomb soluble, cristallisable.

Sulfate de potasse, n° 273.

Sel blanc anhydre. Saveur très amère. Soluble dans l'eau. Donne un précipité blanc avec le chlorure de baryum.

Cristallise en prismes à 6 faces, très courts, terminés par des pyramides. Inaltérable à l'air, décrépite au feu.

Précipité jaune grenu avec le chlorure de platine.

L'acide tartrique donne un précipité cristallin au bout d'une demi-heure dans une solution concentrée de ce sel.

Usages : Fabrication de l'alun. Verrerie. Médecine. A l'état impur : Engrais.

Sulfate de quinine, n° 274.

On trouve dans le commerce deux sulfates,

A. Sulfate acide. — Cristallise en prismes rectangulaires. Il est soluble à la température ordinaire dans onze parties d'eau froide.

B. Sulfate basique. — Cristallise en longues aiguilles soyeuses ; c'est celui qu'on emploie le plus souvent en médecine ; ses cristaux s'effleurissent à l'air. Il est soluble dans trente parties d'eau bouillante.

Caractères des sels de quinine :

Ils ont une saveur amère particulière ; leurs solutions sont légèrement bleues. Les alcalis, le tanin, la noix de galle précipitent les sels de quinine.

L'iodure de potassium donne un précipité jaune caractéristique, floconneux, qui brunit rapidement à l'air ; il faut ajouter une goutte d'acide sulfurique à la solution du sel de quinine, si on a affaire au sulfate basique pour obtenir cette réaction.

Sulfate de soude, n° 273.
(SEL DE GLAUBER)

A l'état pur, ce sel est incolore ; mais le sulfate anhydre industriel est généralement jaunâtre.

Le sulfate pur a une saveur fraîche, amère ; il est très soluble dans l'eau et insoluble dans l'alcool. On obtient le sulfate anhydre en calcinant le sel cristallisé. Il donne un précipité blanc avec le chlorure de baryum. (V. Sels de soude.)

Voir la note du tarif 273 pour le sulfate anhydre.

Usages : A l'état impur, verreries. — A l'état pur, médecine.

Sulfate de zinc, n° 273.

(VITRIOL BLANC, COUPEROSE BLANCHE)

Sel incolore, très soluble dans l'eau et insoluble dans l'alcool.

On l'importe souvent en pains ; il a l'aspect grenu du sucre lorsqu'il est coulé dans des moules.

Il est âcre, styptique. Précipite en blanc par le chlorure de baryum. Les alcalis donnent un précipité blanc d'oxyde de zinc soluble dans un excès de réactif.

Le sulfate de zinc étant rarement pur, on pourrait en l'essayant obtenir des précipités colorés avec certains réactifs.

Usages : Teinture, impression, médecine.

Sulfites.

CARACTÈRES GÉNÉRAUX.

A. Traités à froid par un acide énergique, ils donnent un dégagement d'acide sulfureux facile à reconnaître.

B. Presque tous les sulfites abandonnent leur acide sulfureux quand on les chauffe ; il y a exception pour certains sulfites alcalins et alcalino-terreux.

C. Les sulfites alcalins ont une réaction alcaline.

D. Chauffés avec du charbon, ils donnent des sulfures ou quelquefois des oxydes. En solution ils sont réduits par le chlorure stanneux, par le zinc et l'acide chlorhydrique.

E. Les oxydants énergiques les transforment en sulfates.

Sulfites de chaux, n° 275.

Le *sulfite* est incolore, peu soluble dans l'eau pure et plus soluble si on ajoute une solution d'acide sulfureux. Il s'effleurit à l'air.

Le *bisulfite* est assimilé au sulfite neutre ; il est incolore ; sa réaction est acide ; il est très altérable à l'air. Sa solution est employée comme clarifiant.

Sulfites de soude.

Nous citerons :

A. LE SULFITE. — Cristallise en prismes obliques. Il est décomposé par la chaleur et laisse alors un résidu complexe de sulfate de soude et de sulfure de sodium. Sa saveur est sulfureuse et sa réaction alcaline. Repris au n° 275.

B. LE BISULFITE. — Ce sel est assimilé au sulfite ; ses cristaux sont irréguliers et opaques. Sa réaction est acide. Chauffé, il fond et se décompose si on continue l'opération. Repris au n° 275.

C. L'HYPOSULFITE, n° 276. — Cristallise en gros cristaux incolores, très solubles dans l'eau. Le chlorure d'argent est soluble dans ses solutions. Sa saveur est fraîche.

Quand on verse quelques gouttes d'acide chlorhydrique ou d'acide sulfurique dans une solution de ce sel, il se produit un dépôt de soufre et la liqueur devient laiteuse. Le sulfite ordinaire ne donne pas de précipité dans les mêmes circonstances : c'est ce qui les distingue.

Usages : Photographie. Médecine. Laboratoires. Teinture.

Sulfocyanure de potassium.

Produit chimique non dénommé autre, n° 282.

Cristallise en prismes allongés. Sel très déliquescent. Donne une coloration rouge sang avec les sels de peroxyde de fer. Il ne donne rien avec les sels de protoxyde de fer. La saveur de ce sel, fraîche et piquante, rappelle celle du raifort. Il n'est pas vénéneux.

L'acide azotique concentré donne un précipité rouge orange dans ses solutions aqueuses à froid.

Usages : Réactif. Médecine.

Valeur : Pur, cristallisé, 310 fr. les 100 k.

Pour l'industrie, 210 fr. les 100 k.

Sulfures.

CARACTÈRES GÉNÉRAUX :

A. Les sulfures solubles, traités par les acides, dégagent de l'acide sulfhydrique.

B. Ils précipitent les sels de plomb en noir.

C. Les sulfures sont plus fusibles que les métaux qu'ils renferment, lorsque ceux-ci fondent difficilement ; c'est le contraire qui a lieu avec les métaux très fusibles.

D. L'air sec a peu d'action sur les sulfures, en général.

E. A une haute température, ils sont plus ou moins oxydés au contact de l'air.

F. Le chlore attaque tous les sulfures ; à chaud il se forme des chlorures métalliques et du chlorure de soufre. Dissous ou délayés dans l'eau, les sulfures sont décomposés par le chlore : il se dépose du soufre.

G. L'acide chlorhydrique attaque à froid un grand nombre de sulfures ; il se dégage de l'hydrogène sulfuré à odeur nauséabonde.

Sulfures d'arsenic.

Nous citerons :

A. LE BISULFURE (*Réalgar*), n° 277. — ORIGINE : Japon, Chine, Bohême.

Cristaux rouges qui s'écrasent facilement ; ils répandent, jetés sur le feu, une odeur d'ail caractéristique. A l'état natif (même régime), le réalgar est en cristaux transparents, d'un rouge rubis. On peut le fondre facilement.

Le réalgar artificiel est vendu à l'état amorphe ; on le coule dans des moules. Il a un aspect vitreux et répand en brûlant une odeur d'ail.

Le réalgar en poudre doit être considéré comme couleur non dénommée, note 310.

Usages : Teinture, impression, peinture, pyrotechnie.

B. LE TRISULFURE (*Orpiment*). — ORIGINE : Valachie, Japon, Perse, Chine, Hongrie.

1° *Orpiment naturel*, n° 277. — Se rencontre à l'état de masses amorphes et opaques ou sous forme de lames transparentes, qu'on peut facilement séparer au couteau. Sa poudre est orangée.

Celui qui vient de Chine est mélangé de morceaux rouges ou noirs.

2° *Orpiment artificiel*, n° 277. — On le vend dans l'industrie sous forme de poudre ou de masses compactes, d'un aspect vitreux, d'un jaune citron. Il est insoluble dans l'eau, mais soluble dans l'eau ammoniacale. Chauffé, il brûle à l'air avec une flamme pâle.

L'orpiment en poudre doit être considéré comme couleur non dénommée, note 310.

Sulfure de baryum.

Produit chimique non dénommé autre, n° 282.

Le protosulfure de baryum est blanc ou grisâtre. Saveur alcaline. On l'obtient en traitant le sulfate de baryte par le charbon. Il a la propriété de luire dans l'obscurité quand on l'a exposé au soleil. On l'appelle pour cette raison « phosphore de Bologne ». Il se dissout dans l'eau en se décomposant ; une partie du sulfure ne s'altère pas ; mais il se forme de l'hydrate de baryte et d'autres dérivés sulfurés.

Valeur : Pur, 3 fr. 50 le kilo ;

    Cru, en morceaux, à 80 0/0. 22 fr. 50 les 100 k. ;

    Cru, en poudre, 29 fr. les 100 k.

Sulfure de cadmium.

(JAUNE DE CADMIUM)

Produit chimique non dénommé autre, n° 282.

Pulvérulent. Belle couleur jaune.

Insoluble dans l'eau. Soluble dans l'acide chlorhydrique concentré. Chauffé, il prend une belle coloration rouge et redevient jaune par refroidissement.

Valeur : De 12 à 15 fr. le kilo, selon la nuance.

Sulfure de carbone.

Produit chimique non dénommé autre, n° 282.

Liquide incolore à l'état pur. Ordinairement jaunâtre. Très volatil et inflammable. *Produit dangereux à manier.* Odeur fétide. Insoluble dans l'eau. Soluble dans l'alcool et dans l'éther.

Dissout le phosphore, l'iode, le soufre, le caoutchouc.

Il brûle avec une flamme bleue et détone lorsque ses vapeurs sont mêlées à l'air ou à l'oxygène.

Usages : Dissolvant énergique. Insecticide.

Valeur : Rectifié, 56 fr. les 100 kilos.

    Bi-rectifié, 65 fr. les 100 kilos.

Sulfures d'étain.

Produits chimiques non dénommés autres, n° 282.

Nous citerons :

A. Le protosulfure. — Cristallisé en lamelles d'un gris de plomb.

Amorphe, il est brun ou noir.

B. Le bisulfure (*Or mussif*). — Se présente sous la forme d'une poudre très légère, à lamelles cristallines ayant l'aspect du bronze. Sert au bronzage du bois, des statuettes. On l'emploie également dans les cabinets de physique.

Valeur : Proto, 5 fr. 65 le kilo ;

(bi) 12 fr. 50 le kilo.

Sulfures de fer.

Nous citerons :

A. Le bisulfure de-fer. A l'état naturel : Pyrite. — Origine : Espagne, Belgique.

La pyrite de fer s'extrait généralement du sol en rognons ou en masses cristallisées d'une couleur qui varie entre le jaune d'or et le rouge brun. Quand on brise une pyrite, on aperçoit de beaux cristaux en aiguilles qui partent d'un même point en formant des rayons.

On trouve la pyrite en cubes d'un jaune laiton. Elle fait feu au briquet et n'est pas attaquée par les acides étendus. Dans cet état, elle suit le régime des minerais, n° 189.

B. Protosulfure. *Produit chimique non dénommé autre, n° 282.*

Aspect noirâtre, terreux. Attaqué à froid par l'acide sulfurique, il donne un dégagement d'hydrogène sulfuré facilement reconnaissable à son odeur particulière.

Usages : Antidote du sublimé corrosif. Laboratoires:

Valeur : En morceaux, 22 fr. les 100 kilos.

En grenailles, 42 fr. les 100 k.

Sulfure (bi) de mercure, n° 277.

A. CINABRE. — Le cinabre naturel ou artificiel est toujours cristallisé. On le trouve à l'état naturel en Chine et en Europe ; il est mélangé à de la gangue terreuse. Obtenu par voie artificielle, il est alors en petits cristaux d'un rouge violet. Le cinabre artificiel est taxé à des droits différents selon qu'il est en masses ou pierres, ou qu'il est pulvérisé et sublimé (vermillon).

B. VERMILLON. — C'est le cinabre réduit en poudre. On le fabrique également par divers procédés qui le produisent en poudre.

Celui de Chine est le plus cher et le plus estimé : on le vend et on l'importe en petits paquets de 50 grammes enveloppés dans un papier noir, qui est enveloppé lui-même dans un second papier jaunâtre qui porte des inscriptions rouges.

On importe le vermillon d'Autriche dans des sacs de peau qui pèsent douze kilos ; il est estimé également.

L'acide azotique n'a pas d'action sur le vermillon, tandis qu'il attaque les oxydes de plomb (minium et litharge), avec lesquels on pourrait le confondre.

Quand on calcine avec précaution une petite quantité de vermillon, le produit se sublime complètement et ne donne aucun résidu, s'il est pur. Le minium ne se sublime pas.

Usages : Peinture, cire à cacheter.

Sulfures de potassium, nº 281 bis.

A. MONOSULFURE. — Les cristaux de ce sel ont l'odeur d'œufs pourris, ils prennent au contact de l'air une coloration jaune.

B. PENTASULFURE (*Foie de soufre*). — Solide, brun, déliquescent, très soluble dans l'eau; s'altère très vite à l'air. Odeur sulfureuse.

Usages : Laboratoires, médecine (bains de Barèges artificiels).

Sumac.

ORIGINE : Europe méridionale, Levant.

Le bois et les racines de sumac sont repris aux bois de teinture, nº 140.

Les écorces, feuilles et brindilles sont reprises au nº 155.

Le sumac est un arbrisseau à tige rameuse. Bois tendre; écorce d'un jaune roux; feuilles dentées en scie, velues en dessous. Calice et corolle à 5 divisions, petites fleurs blanches disposées en grappes. Fruit à noyau monosperme qui se couvre après floraison d'un duvet rouge foncé.

L'écorce seule est employée en teinture et en tannerie. Le sumac moulu est d'un vert jaunâtre, d'une odeur forte et pénétrante. Il teint en noir une solution de sulfate de fer ; colore l'eau en jaune verdâtre.

Superphosphate de chaux, n° 279 bis.

C'est l'engrais le plus employé. Il s'obtient en traitant le phosphate de chaux pulvérisé par l'acide sulfurique. Les superphosphates mélangés de nitrate ou de guano paient les surtaxes et les droits afférents aux produits qu'ils contiennent (page 641 des notes, renvoi 2).

Le superphosphate de chaux s'importe généralement en sacs, rarement en vrac. Il est d'un blanc sale ; sa saveur est franchement acide ; il ramène au rouge le papier bleu de tournesol.

Talc.

ORIGINE : Italie, Amérique, Allemagne.

Le talc en roches ou en masses suit le régime des pierres et terres servant aux arts, n° 179 *ter*.

Le talc pulvérisé est repris au n° 307.

Qu'il soit en roches ou en poudre, le talc est doux au toucher. Il est tantôt blanchâtre ou verdâtre. En roches il est surtout verdâtre. On le trouve parfois dans la nature à l'état de rognons à lamelles concentriques. Le talc est infusible, même au chalumeau. Les acides concentrés l'attaquent à chaud en précipitant la silice qu'il renferme à l'état de gelée. Il présente les caractères des sels de magnésie.

Usages : Peinture. Stucs.

Tartrate (bi) de potasse, n° 278.
(CRÈME DE TARTRE)

Peu soluble dans l'eau ; insoluble dans l'alcool ; saveur acide. Cristaux grenus. Par la calcination ce produit donne un résidu appelé « flux noir ».

Quand on traite le bitartrate de potasse par l'acide sulfurique concentré à chaud, il se dégage de l'acide sulfureux, et le mélange prend une coloration noire caractéristique.

(Voir la note 278 pour ce qui concerne la lie de vin et le tartre brut.)

Usages : Teinture. Laboratoires. Médecine.

Tellure.
Produit chimique non dénommé autre, n° 282.

Corps simple, solide, blanc d'argent, texture cristalline. Se pulvérise facilement. Insoluble dans l'eau. Se dissout dans l'acide sulfurique concentré, qu'il colore en rouge pourpre.

Valeur : Chimiquement pur, fondu, en bâtons,
7 fr. 50 les 10 grammes ;
En poudre, 50 fr. l'hecto.

Terre d'infusoires.
Pierres et terres servant aux arts, n° 179 ter.

ORIGINE : Italie, Allemagne.

On importe sous ce nom une terre excessivement légère, ordinairement d'un blanc rosé, très fine. Les sacs qui renferment cette terre ne pèsent pas plus de

15 à 20 kilos. C'est une argile siliceuse, variété d'opale dans le genre du tripoli.

Thymol.

Produit chimique non dénommé autre, n° 282.

A l'état cristallin, le thymol se présente sous forme de tables rhomboïdales, transparentes, striées. Odeur douce; saveur piquante et poivrée. Peu soluble dans l'eau. Soluble dans l'alcool et dans l'éther. On l'extrait de l'essence de thym.

Valeur : 25 fr. le kilo.

Tissus de chanvre.

A. La potasse et la soude ont peu d'action sur le chanvre par l'ébullition; elles dissolvent néanmoins une partie de ses principes organiques.

B. L'acide azotique à froid colore le chanvre en jaune.

C. Le chanvre brûle facilement avec flamme. claire en donnant peu de résidus.

Tissus de coton.

A. La potasse n'a pas d'action à chaud sur le coton comme dissolvant; mais le coton perd sa souplesse et devient translucide.

B. Le coton brûle avec flamme jaune comme le papier et laisse peu de résidu.

C. Les fils de coton sont toujours un peu ondulés; quand ils sont en écheveaux, il y a toujours entre eux une sorte d'adhérence. Le coton est plus léger que le lin et il est également plus chaud au toucher que le lin qui paraît froid,

D, *Examen microscopique*. — Les fils de coton sont dépourvus de nœuds ; ils sont disposés en lamelles marquées de points ou de taches et contournées sur elles-mêmes en hélices aplaties,

Tissus crémés,

Les tissus crémés sont assimilés aux tissus blanchis,

Pour les distinguer des tissus écrus, il suffit de verser sur le tissu qu'on veut essayer (après l'avoir lavé à l'eau tiède) quelques gouttes d'acide chlorhydrique, et de le plonger ensuite dans une solution de prussiate de potasse. Si la couleur jaunâtre du tissu est artificielle, les fils sont immédiatement teints en bleu foncé.

Si, au contraire, la couleur est naturelle et si, par conséquent, les fils sont écrus, il n'y a pas de réaction, ou du moins le fil ne prend qu'une teinte verte très pâle. (Pages 932 et 933 des notes.)

Tissus de jute,

Les fils de jute sont reconnaissables à la nuance rousse qu'ils prennent lorsque, après les avoir mouillés, on les fait sécher au feu ou au soleil. Ils exhalent une odeur particulière due à l'huile de poisson avec laquelle on graisse généralement le jute pour le travailler. (Page 935 des notes.)

Un autre moyen de distinguer les fils de jute des fils de lin ou de chanvre consiste à tordre brusquement le fil présenté : s'il s'agit de jute, il se rompt, tandis que le fil de lin ou de chanvre résiste à la torsion.

Tissus de lin.

A. La potasse et la soude ont peu d'action sur le lin par l'ébullition ; ils lui font perdre un peu de poids en dissolvant certains de ses principes organiques.

B. L'acide azotique colore légèrement le lin en rose quand on l'attaque à froid (cette coloration ne se produit pas toujours).

C. Le fil de lin est droit, lisse, pesant et froid au toucher, si on le compare au fil de coton qui est généralement ondulé, léger et chaud à la main.

D. *Examen microscopique.* — Les fils de lin se présentent comme des lames ou tubes lisses ; ils sont coupés de distance en distance par des lignes transversales simples ou doubles assez semblables à des nœuds de roseaux.

E. Le lin brûle facilement avec une flamme claire et ne donne presque pas de résidus.

Tissus de laine.

A. La laine *frise* en brûlant (comme la soie, le poil), en dégageant une odeur désagréable très connue.

6***

B. Faire bouillir un morceau de tissu dans une solution faible de *soude* pendant quelques instants et le plonger ensuite dans une dissolution d'acétate de plomb ; la laine noircit immédiatement. La soude a mis le soufre de la laine en liberté et il s'est formé un sulfure de plomb noir au contact de l'acétate de plomb.

Si le tissu est mélangé de fibres *végétales* ou de *soie*, on s'en aperçoit facilement, car il n'y a que les fils de laine qui noircissent.

C. L'acide azotique a la propriété, même à froid, d'attaquer la laine et de lui faire prendre une coloration jaune. Si on lave alors le tissu et si on le plonge dans une solution de soude à froid, la laine dèvient rouge sang.

(Le chanvre est attaqué également par l'acide azotique ; il devient jaune ; mais la soude ne lui fait pas prendre la coloration rouge sang caractéristique ; c'est ce qui permet de les distinguer facilement.)

D. La laine pure se dissout complètement dans une solution concentrée de potasse à chaud. La soie et les fils de poils ont la même propriété. S'il s'agit d'un tissu de laine et coton et si on a pesé avant l'essai le tissu à essayer, on a facilement les proportions de coton, car il ne se dissout pas et, recueilli et séché, il indique les relations de poids.

E. *Examen microscopique.* — Les fils de laine se présentent sous forme de cylindres irréguliers, dont la surface est marquée de stries caractéristiques qui simulent l'écorce des arbres.

Tissus de phormium tenax.

L'acide azotique, même à froid, fait prendre une coloration rouge sang au phormium tenax. Cette coloration est généralement très intense.

Tissus de ramie.

A. Les fibres de la ramie se distinguent des fibres du coton par leur aspect brillant qui rappelle celui de la soie. Elles sont plus droites que les fibres de coton. (Les tissus de ramie suivent le même régime que les tissus de lin ou de chanvre.)

B. Pour s'assurer que le tissu est bien un tissu de ramie et non un tissu de coton, on lui fait subir le débouilli au savon afin d'enlever l'apprêt. On dégage ensuite quelques fils, on les détord entre les doigts, on les défile, et c'est à la longueur des filaments primitifs qu'on reconnaît leur nature : si ces filaments ont plus de 40 millimètres de longueur, il y a certitude qu'ils ne sont pas de coton. (Voir circulaire n° 2123 pour la détermination du nombre de fils contenus dans les tissus.)

Tissus de soie.

A. La soie frise en brûlant (comme la laine et le poil), en dégageant une odeur très connue et désagréable.

B. La soie se dissout à chaud dans une dissolution de potasse.

C. L'acide azotique ne colore pas la soie en jaune comme il le fait pour la laine, et de plus, si on plonge le tissu de soie dans un alcali, après cette opération il ne se produit pas de coloration rouge sang. Cependant, si le tissu de soie est mélangé de laine, il peut prendre la coloration caractéristique.

D. *Examen microscopique.* — Les fils de soie sont marqués de lignes transversales ; mais on y remarque des cannelures longitudinales que n'ont pas les autres filaments. On rend visibles ces cannelures en plongeant les fils dans l'ammoniaque.

E. La soie pure est soluble dans la solution d'oxyde de cuivre ammoniacale ; la laine résiste à cette attaque.

Toluène.

Produit obtenu directement par la distillation du goudron de houille, nº 280.

Liquide incolore très mobile. Ne se solidifie qu'à basse température. Plus léger que l'eau, insoluble dans ce liquide. Il se mêle à l'alcool, à l'éther et au sulfure de carbone. Il a une odeur particulière, un peu différente de celle de la benzine. Il brûle avec une flamme éclairante fuligineuse. L'acide azotique fumant l'attaque très vivement, surtout à chaud.

Tournesol.

Même régime que l'orseille (V. ce mot), nº 291.

ORIGINE : Canaries, Corse, Angleterre.

Le tournesol du commerce est en pains ; il est bleu violet. Les acides font passer ses solutions au rouge et les alcalis ramènent la couleur primitive. On peut répéter cette expérience un grand nombre de fois sans altérer la matière colorante.

Le tournesol est soluble dans l'eau et dans l'alcool.

Tungstène.

Produit chimique non dénommé autre, n° 282.

Métal d'un gris d'acier. Très pesant. La poudre est d'un gris noir. Infusible au feu de forge. L'acide azotique et l'eau régale le convertissent en acide tungstique. L'acide sulfurique et l'acide chlorhydrique concentrés ne l'attaquent qu'avec lenteur. Le tungstène en grains est assez dur pour rayer le verre.

Valeur : Pur, en poudre, 34 fr. le kilo.

Pour la fabrication de l'acier, à 95 0/0, 4 fr. 70 le kilo.

Urée.

Produit chimique non dénommé autre, n° 282.

S'extrait généralement de l'urine des animaux. A l'état pur, c'est un produit cristallisé en longs prismes aplatis. Incolore, saveur fraîche et amère. Neutre au tournesol. Très soluble dans l'eau et dans l'alcool.

Chauffée, l'urée fond et répand des vapeurs d'ammoniaque.

Valeur : Chimiquement pure, cristallisée, 17 fr. le k.

Crue, à 90 0/0, 10 fr. le k. par quantités de 10 kilos.

Vaseline, nº 199.

Se retire des résidus de pétrole. Il ne s'agit ici que de la vaseline pure, à l'exclusion des graisses et huiles qui sont admissibles au régime des huiles de graissage (n° 198).

La vaseline est blanche ou légèrement jaunâtre, translucide, inodoré, insipide, onctueuse au toucher. Fond à 30 degrés.

La vaseline parfumée suit le régime de la vaseline ordinaire.

La vaseline obtenue dans un pays d'Europe par le traitement des pétroles américains est considérée comme originaire de ce pays (n° 389 des observations préliminaires).

Vert de montagne, n° 306.

Le vert de montagne est de la malachite (V. ce mot) pulvérisée. C'est une couleur insoluble dans l'eau, qui fait effervescence avec les acides minéraux. En calcinant ce produit, il se dégage de l'acide carbonique et il reste de l'oxyde de cuivre brun.

Les CENDRES VERTES ANGLAISES sont des carbonates artificiels, tandis que le vert de montagne est un produit minéral ; elles sont reprises au n° 305.

Il est facile de les distinguer au toucher. D'un autre côté, quand on traite les cendres vertes anglaises par l'eau bouillante, elles se décolorent et brunissent très rapidement, tandis que le vert de montagne, traité dans les mêmes conditions, résiste plus longtemps à l'action de l'eau bouillante. Le carbonate artificiel pur doit se dissoudre complètement dans un acide minéral, tandis que le vert de montagne peut renfermer des matières étrangères siliceuses qui se déposent.

Vert de Schweinfurth, n° 305.

(VERT DE VIENNE)

Se vend en poudre ou en pains. C'est un composé mixte d'acide arsénieux et d'oxyde de cuivre dans lequel on peut trouver de la potasse et de l'acide acétique.

C'est une belle couleur que les acides énergiques décomposent. L'acide sulfhydrique y donne un sulfure d'arsenic jaune caractéristique.

Quand on mélange de la soude à ce vert et que l'on chauffe au rouge au chalumeau, il se dégage des vapeurs à odeur d'ail d'acide arsénieux.

Par la calcination, cette couleur laisse comme résidu du bioxyde de cuivre brun.

Usages : Peinture, papiers peints.

Xylène.

Produit obtenu directement par la distillation du goudron de houille, n° 280.

Liquide incolore, plus léger que l'eau ; bout entre 130 et 140 degrés. C'est un mélange de plusieurs carbures qui s'extrait des huiles légères du goudron de houille. L'orthoxylène est un liquide incolore, d'une odeur aromatique agréable ; il est attaqué par l'acide azotique. Le métaxylène est incolore ; c'est un liquide également aromatique qui peut former une combinaison cristallisée avec l'acide picrique.

Zinc, n° 224.

Métal blanc bleuâtre, ductile et malléable. S'oxyde peu à peu à l'air et prend une coloration grise. Il est attaqué à froid par les acides minéraux avec énergie en donnant des sels de zinc. (V. ces mots.)

Quand on chauffe le zinc dans un creuset, il se volatilise au rouge sombre et brûle avec une flamme très éclairante, en produisant des flocons d'oxyde de zinc.

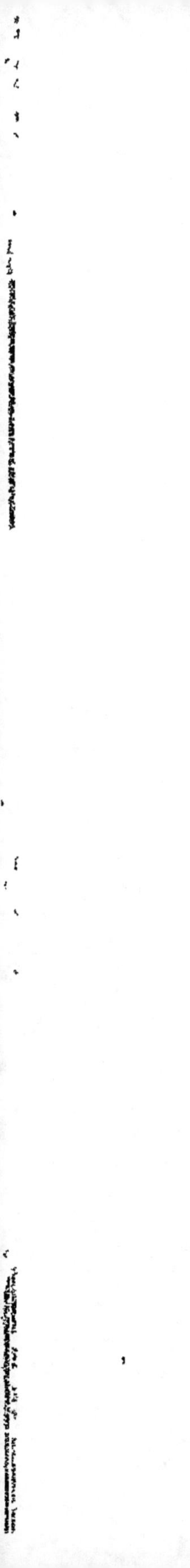